水温回归模型与解析解算法研究

李兰 等 编著

中国水利水电出版社
www.waterpub.com.cn
·北京·

内 容 提 要

本书系统阐述了水库水温和河流水温计算的简便算法——回归模型和解析解法，重点介绍了国外解析解法的基本概念、学术思路、推导过程。解析解法为给定条件下的精确解，比回归模型更加准确，比数值法精确、计算简单、所需资料少。本书提出和推导了适合水库和河流水温计算的回归模型和解析解，并与国内外现有的同类方法进行了比较研究；应用大量气象、水温、水文实测资料对《混凝土拱坝设计规范》（SL 282—2018）推荐的几种水温经验回归方程和本书中介绍的各类水温解析解法进行了验证、参数灵敏度分析和适应性分析；同时，将提出的水温解析解法应用于我国大型水库分层取水措施规划设计实践中。

本书可供水利水电工程、环境工程、生态学、水文水资源、水运工程、海洋工程等专业的高年级大学生、硕士和博士研究生，以及上述专业的教师、科研、设计人员和管理者等阅读参考。

图书在版编目（CIP）数据

水温回归模型与解析解算法研究 / 李兰等编著. --
北京：中国水利水电出版社，2021.10
ISBN 978-7-5226-0114-4

Ⅰ．①水… Ⅱ．①李… Ⅲ．①水温－温度观测－自回归模型②水温－温度观测－算法 Ⅳ．①P332.6

中国版本图书馆CIP数据核字（2021）第209451号

书　　名	**水温回归模型与解析解算法研究** SHUIWEN HUIGUI MOXING YU JIEXIJIE SUANFA YANJIU
作　　者	李兰　等 编著
出版发行	中国水利水电出版社 （北京市海淀区玉渊潭南路 1 号 D 座　100038） 网址：www. waterpub. com. cn E - mail：sales@mwr. gov. cn 电话：（010）68545888（营销中心）
经　　售	北京科水图书销售有限公司 电话：（010）68545874、63202643 全国各地新华书店和相关出版物销售网点
排　　版	中国水利水电出版社微机排版中心
印　　刷	天津嘉恒印务有限公司
规　　格	184mm×260mm　16 开本　11 印张　268 千字
版　　次	2021 年 10 月第 1 版　2021 年 10 月第 1 次印刷
定　　价	**88.00** 元

《水温回归模型与解析解算法研究》
主要编写者

（按姓氏笔画排序）

马凤有	王 万	王 进	王 欣	王雅慧	毛维新
卞俊杰	甘衍军	石 卫	代荣霞	朱芮芮	朱 灿
刘小莽	刘战友	毕黎明	严平川	杜娟娟	李 兰
李亚龙	李志永	李艳平	李 娟	李金晶	杨梦斐
杨 超	杨朝晖	杨浩文	张东方	张 俐	张洪斌
陈 攀	武 见	周文财	周浩澜	孟 洁	赵英虎
赵 维	胡建华	钟名军	祝东亮	姚 磊	贺伟伟
索帮成	郭文思	常布辉	董 红		

河流梯级水电站的开发，特别是具有季调节以上性能的大库容、深水型水库的形成，将改变原有天然河道水温的时空分布，进而对下游水质、水生生态系统和河段的工、农业用水等产生一定影响。水温直接影响水中污染物的降解规律，决定降解系数的大小；水温对水体内各种动物的生活、植物的生长有着直接影响。因此，在规划阶段利用水温算法对各种水利工程水工措施比选方案的水温影响进行预测、水库建成后运营阶段对水库水温回顾评价、水库及下游生态环境保护等具有重要的现实意义。

水温不仅是水库环境中的主要研究要素，也在水库的规划设计和运营管理中起着重要作用。一方面为了更好地发挥已建水库的功能，更好地利用水资源，提高水库效益；另一方面为了保护下游生态环境，需要通过大型水库分层取水措施减缓低温水下泄对下游生态环境的影响。因此研究水库水温分层的变化规律，合理布置分层取水设施，对于水电工程规划、建设、运行和生态环境保护具有重要意义。

水温计算内容主要包括水库水温结构判别、库区水温计算、水库下泄水温计算和下游河流水温计算。水温分析计算包括天然河道水温特征值统计和建库后水库水温分布计算。天然河道水温观测应统计多年平均年、月平均值，年、月平均值的最大、最小值，实测最大、最小值和出现时间，以及工程设计要求的其他特征值。建库后水库水温分析计算包括水库水温分布类型判别和库表水温、库底水温、水库垂向水温分布的估算。受上游蓄水工程影响的河段，还应分析工程前后水温变化。无资料时，可以进行观测和类比分析；水库水温分布和各项特征值，可采用自然地理条件、水库特性相似的已建水库水温观测资料，进行类比分析确定，或按经验回归模型确定。此外，根据不同类型水库水温特征和生态环境保护需求、供水需求等，合理确定水温计算范围、边界条件和估算方法，计算结果应能反映水电工程对水温的影响范围和程度。

水库水温计算模型与解析解算法是研究、预测水库水温分层变化规律的重要手段，是本书主要推荐的研究内容。水温回归模型是根据水温实测资料与主要影响要素建立相关关系的一类计算方法，优点是计算简单；不足的是具有相当大的经验性，受到研究水库类型和实测资料的局限。理论上，河流水温的偏微分方程能够得到其数值解和解析解。随着计算能力的增加，数值解得到广泛的应用，数值方法不需进行很多简化，而解析解推导较难，需要简化边界条件。数值方法可通过多种计算方式得出其近似解，优点是可以较好地模拟不同水库类型多种空间域的水温分布，但计算量大，耗时较长，存在误差迭代积累，需要气象、水文的测量数据较多而边界条件复杂等问题。本书旨在介绍和研究国内外水温研究新进展——解析解新算法，基于水温对流扩散方程的解析解求解比较困难，通过引入平衡温度概念推导出解析解方程。解析解技术通过整合时间和空间的变化，得到一个单一的代数形式的封闭解，计算量小，输入数据少，计算简单快速。解析解模型虽然经过很多简化，但能够方便地嵌入电子表格应用程序，而且能有效地说明河流温度的动态变化，可与回归预测成果、数值计算成果进行对比验证。水温解析解公式的推导应用是目前国际上研究的热门课题。

随着金沙江、雅砻江、大渡河上诸多大、中型河流水电站建设的推进，流域开发程度的不断深入，因水电站的建设而改变水温所导致的对鱼类等水生生物的影响日渐突显，相应环境影响评价及对策保护措施也日益受到国家环保总局及社会各界的高度重视，进行水库库区水温模拟预测及下游河道水温缓解效果研究显得尤为重要。目前国内常用的水库水温计算方法有 3 种：东勘院指数函数法、朱伯芳余弦函数法和统计法。这些方法已收入《水利水电工程水文计算规范》（SL/T 278—2020）、《混凝土拱坝设计规范》（SL 282—2018）、《水工建筑物荷载设计规范》（SL 744—2016）、《水工建筑物荷载设计规范》（SL 379—2007）和《水电工程水温计算规范》（NB/T 35094—2017）。

这些常用的方法是我国 20 世纪 80 年代前，根据当时建成的水库和较少的水温监测数据拟合而成的，受诸多因素影响，其适用范围有限，计算精度也不能满足现行要求。随着我国数量众多的大型分层水库的建成运营，大量水库水温监测值的积累，近几年采用较多的是数值模型，多为国外引进的软件，数值解需要资料多，计算方法复杂不易掌握，运行效率低，计算结果受边界条件、参数的影响较大，存在误差积累，其结果尚待实测检验，需要解析解算法的结果进行对比佐证，简便易行且具有通用性的水温解析解算法亟待系统研究和提高。

本书引用大量已建水库、新建水库的实际观测气象水文资料，收集了丹江口水库、隔河岩水库、漫湾水库、黄冈水库、宝珠寺水库、万家寨水库、冯家山水库、刘家峡水库、二滩水库等的水温及其相关资料，并分析了这些水库的水温分层结构类型。以二滩水库、丹江口水库、漫湾水库等多个水库原型观测资料，对常用经验公式和解析解算法开展了对比研究，进一步创造性提出用于水库水温的简便算法——改进的回归模型和解析解新算法，并应用气象、水温、水文实测资料对提出的各类水温算法进行了验证、参数灵敏度分析和误差分析。本书提出的水温解析解新算法已应用于我国大型水库分层取水措施规划设计工程实践中。

本书共分为8章，各章主要内容简述如下：

第1章大量检索了国内外水库水温简易预测方法的相关研究文献和研究成果，对国内外水温预测方法进行了分类整理。介绍了国内外常用的水温经验回归模型和根据平衡温度概念发展起来的一维对流扩散方程解析解公式。

第2章主要介绍了水库水温结构类型与判别，包括水库水温变化特征、水库水温结构类型及特征判别，通过对库水交换次数法分析了水库水温结构类型及特征。此外，针对金沙江上游、雅砻江中游、雅砻江下游开展了水温的主要气象影响因素分析，其中气象因素考虑了气温、云层覆盖度、风速、相对湿度、降雨、日照时间等要素，并分析了它们与水温的变化趋势和相关关系，由此可识别出主要的影响因子。

第3章多方位调查收集了我国已建18座水库基本资料和水温资料。重点对丹江口、隔河岩、漫湾、黄冈、宝珠寺、万家寨、冯家山、刘家峡、二滩等9座典型水库，根据水库实测水温资料和库水交换次数法分析了各个水库的水温分布结构。

第4章介绍了国内外常用的水库水温简易预测方法，将这些水温经验回归模型、解析解模型应用于多个有实测水温监测资料的水库进行模拟验证分析，并对各模型参数进行了误差分析。

第5章在上述研究基础上进一步改进了水温回归模型和半经验半理论水温预测模型，包括武汉大学李兰课题组改进的余弦函数公式、李兰库表沿程水温非线性指数函数公式和李兰垂向水温指数函数公式，考虑水温增加变幅的水温-气温线性回归公式，并根据二滩水库对改进方法进行了验证和误差分析。

第6章考虑经验方法具有较大局限性，通用性也较差，为了更准确地进行水库水温预测，本章进一步开展了水温预测模型解析解研究，提出了一系列有物理基础的解析解预测新模型。基于对流扩散方程和数学拉普拉斯变换法分别获得武汉大学李兰课题组拉格朗日简化模型解析解、李兰一维稳态沿程水温解析解、李兰一维稳态垂向水温解析解、李兰一维动态垂向水温解析解。应用美国拉格朗日解析解、武大拉格朗日简化解析解进行了二滩水库表层水温的模拟预测，对两个模型参数进行了灵敏度分析，并将新建的一维水温解析解应用于二滩水库的表层水温、沿程水温和垂向水温的模拟计算，同时进行了模拟误差分析。

第 7 章将第 4～6 章提出的水温预测经验回归模型、解析解模型和现有常用方法的水温模拟预测计算成果与二滩水库实测水温、两河口三维 EFDC 环境流体模型数值计算结果进行了对比和误差分析，基于比选评判指标和评价方法，推荐了可行的水温预测经验回归模型、半经验半理论模型、解析解模型。最后将推荐的水温解析解法应用于二滩、两河口等大型水库水温预测，并应用于两河口规划水库分层取水措施方案的比选。在水温计算基础上筛选评估大型水库水温分层措施方案，为减缓下泄水温影响及技术经济合理性，以及推荐可行的叠梁门取水方案提供参考依据。

第 8 章为结论与展望。本书提出的水温模型具有理论基础强、计算简便快速、所需资料较少的特点，能够满足单库、梯级水库、湖泊和河流的水温预测需求，以及大型水库水温分层规律和分层取水措施规划设计方案比选的分析研究，但这些方法的通用性还有待进一步研究。

本书的理论方法、学术思路、水库水温预测研究及误差分析成果可为读者提供参考。本书中只是在个例水库验证分析了不同方法的参数灵敏度和模拟误差，各种方法的优劣有待更多应用检验评价。鉴于水平和使用资料有限，书中的缺点和不妥之处在所难免，恳请读者批评指正。

作者

2021 年 6 月

目录

第1章

绪　　论

1.1　研究背景

在河流上筑坝建库，是开发利用水资源常见的工程措施，但与此同时，它改变了工程所在河流特别是库区的环境条件，这就必然要产生一系列的环境影响。这些影响既有有利的方面，也有不利的方面。为了充分发挥水资源工程综合效益，把不利的环境影响减小到最低程度，就必须开展大量水温预测模型研究与计算分析工作，并采取一定的对策。我国广泛开展的水电工程环境影响评价工作促进了这种研究的开展和深入，同时也促进了库区水温及下泄水温对下游河道生态环境影响的研究。

水库建成后，水库水面宽广，水体大、水流迟缓、更新期较长，加之受太阳辐射、对流混合和热量传输作用，使水库具有特殊的水温结构。水库系统在秋冬季产生增温效应，在春夏季产生降温效应。水库的蓄热作用和滞热作用，导致水库夏季低温水下泄，冬季排放高温水增高下游河流水温，形成热源的强制对流。水库夏季热交换最为强烈，冬季最低。当流量的巨大改变导致水温发生的变化远远大于气温影响时，如上游建大型水库，会改变河流原有的水力特性。通过了解自由对流和强制对流的规律，随环境条件的变化而变化，可根据水温升高或降低的规律制定调度方案。

水库下泄水温和流量是河流生态系统结构和功能的主要驱动因素，影响着生物群落的适应性。水的物理、化学性质及水生生物、农作物对水温都很敏感，水温变化会对其产生较大影响。而水库水温的变化，对库区及下游河段的水生生物、农田灌溉和生活用水等将产生重大影响。水库水温的热源效应，对河流水生生物种群多样性具有深远影响，而且能够影响水生生物群落组成。水库水温分层的水体中，浮游生物常常呈现分层分布，水库表层水体中的浮游生物远远多于深水层。大多数鱼类产卵、农作物对水温有特别的要求，水温过高或过低都会影响鱼类的产卵和生存，水库下游河道的水温变化，相应地改变了水生生物的生存条件，导致生物群落的变异。

当河岸边修建火电厂或核电站也会改变河流水温，需要采用模型进行评估。有观测表明某座核电厂废水全年平均使下游河流水温升高 3℃。除了水库和核电厂出水温度变化引起的直接变化外，还发生了因调节河流生态流量引起的间接热状况变化。由于热惯性的降低，河流流量的减少，增加了水温的可变性。此外，在受水力调峰影响的河流与温度不同的来水（电厂废水或支流）汇合处的下游，水力调峰会影响河流日以下的热循环，并导致水温的突然变化，称为热峰值。

水库与河流水温预测模型主要有三种：回归模型、随机模型及确定性模型。回归模型主要有简单线性回归和非线性（逻辑）回归两种。简单线性回归仅将气温作为输入参数，这种模型主要应用于周、月、年时间尺度的数据，在这些时间尺度上，水温的自相关性一般不存在，因此线性模型十分有效。使用线性模型时，关系式的斜率及截距不仅仅与时间尺度有关，还与河流类型（水深、高程、纬度）有关，例如不考虑地下水的河流坡度较陡。多元回归模型也被用于水温预测，模型中其他变量也被应用于预测中，如河流水温，时间延迟数据等。Khangaonkar T et al. 利用当天和前一天的最大、最小、平均气温及流量预测水温。还有一种回归模型就是非线性回归模型。O Mohseni et al. 发现由于低温时地下水的影响和高温时蒸发的影响，使得气温与水温的关系呈现非线性关系，类似于"S"形曲线。这种关系主要应用于周时间尺度关系。月时间尺度上线性关系已经可以满足要求。Caissie et al. 根据平衡温度的概念提出了气温和水温的线性关系，进行了日尺度的模拟与预测，也取得了较好的拟合效果，主要原因是其水温变幅为 0～20℃，在线性关系范围内。最后一种是利用非线性的逻辑关系进行预报。

当使用水温模型进行日时间尺度研究时，一般采用随机模型或者确定性模型。随机模型比较简单，只需要水温作为输入条件，随机模型一般将水温数据分为年变化和短期变化，年变化通过采用傅里叶变换或正弦函数表示，而短期变化则通过马尔科夫链来进行表达。当要开展影响研究时，比如热电站或者水库下泄的冷水的热力影响时，就需要确定性模型。确定性模型求解方法有数值解和解析解。然而，自然水温是未知的，数值模拟计算需要巨大且昂贵的应用程序。相反，采用平衡温度（定义为稳态温度）作为基础建立确定性模型的解析解来评估水温变化是十分经济的。

水温回归模型多为经验公式，可移植性差，仅能够考虑简单相关变量对水温的影响，计算精度较低。水温数值解虽然精度较高，但是计算复杂，计算条件严格，输入资料较多，一般人不易掌握，不方便嵌入软件程序。解析解公式有严格的理论基础，计算方便，是优于经验公式和数值解的模型。由于水温对流扩散方程在大多数情况下不易推出解析解，因此目前主要采用水温经验公式和数值解两种计算模型。自 Edinger et al. 提出了平衡温度的概念——即水体与大气界面热交换净速率等于 0 时的水温，认为热通量与水温和平衡温度的差成正比，由此得到基于平衡温度的计算模式。该方法将需要通过大量气象资料求解的热源项转换为平衡温度的求解。该模式引入后，研究者们发展了一系列的基于平衡温度的河道水温模型解析解算法。而平衡温度与气温的相关关系一般较好，因此常常可以用与气温的线性关系来表达。这样确定的解析解模式既可以考虑上游水库对于下游河道水温的影响，同时又由于仅仅只需要气温的输入，计算简便。

水库水温预测模型是研究水库水温分层变化规律的重要手段，是本书的重要研究内容。水温不仅是水库环境中的主要研究要素，也在水库的规划设计和运用管理中起着重要作用。一方面为了更好地发挥已建水库的功能，更好地利用水资源，提高水库效益；另一方面为了保护下游生态环境，需要通过大型水库分层取水措施减缓低温水下泄对下游生态环境的影响。因此，研究水库水温分层的变化规律、合理布置分层取水设施，对于水电工程规划、建设及运行和生态环境保护具有重要意义。

1.2　研究目的和意义

我国虽然幅员广大，但能源并不丰富。中国人口占世界的20％，人均能源资源占有量不到世界平均水平的一半。煤炭消费量已占我国一次能源消费总量的75％以上，相当于世界同类平均值的3倍，而火电环境污染严重。改善以燃煤为主的能源消费结构，建设及发展可再生能源是我国能源发展的趋势。除了水电外，可再生能源发电成本远高于常规能源。在我国规划的十三大水电基地中，西南占了7个，其中金沙江、雅砻江、大渡河三大水电基地分别排名第一、第三、第五位。四川乃至西部山区河流水能资源丰富，仅金沙江干流河段水能理论蕴藏量可达5536万kW，约占全国的1/5，金沙江干流全长2326km，落差3279m，蕴藏有丰富的水力资源，是我国水能资源的"富矿"。

我国绝大多数水库采用深孔放水所造成的下游"冷害"，影响下游鱼类养殖、人畜健康、湿地生态和灌区水稻产量。20世纪90年代我国在这方面的研究主要是针对农业影响而展开的分层取水研究。

利用分层取水设施，可通过下泄方式的调整，如增加表孔泄流等措施，以提高下泄水的水温，满足下游水生动物产卵、繁殖和生长发育以及环保的需求，从措施上减缓水库下泄低温水对生态环境的影响。近年来，我国几大水电勘测设计院都在进行分层取水设计的研究，并应用于新建水电工程设计中。

在大坝不同高程上设置泄流孔，以便能够选择泄放不同高程的水，是一种最简单的控制水温分层取水方法。当前国内外取水方式有以下几种形式：

（1）深层取水。深层取水通常与泄水建筑物相结合，尤其考虑到排砂和放空水库等目的，是一种较多见的取水形式。但由于深孔泄水带来的不良影响，取水方式有了新的变化，许多地方为了提高水温，对于深孔取水进行了改进。

（2）表层取水。为了取到表层温暖、富氧的水，可采用表层取水。表层取水装置主要有：①水力自动取水装置，即靠水的自身压力为动力，自动操纵取水装置，像浮子式取水塔；②在我国南方，取用小流量时，也采用机控斜卧管多层取水；③机控多节圆筒套迭式取水装置，像日本的岩洞。

（3）分层取水。分层取水在美国和日本采用较多。大多数是利用取水塔，在塔壁上沿不同的高度开有取水口，利用机械为动力开启闸门，这种方式能取得满足要求的较大流量。如西安市黑河引水工程输水洞的分层取水塔。一般来说，水库较深，取用流量较大时，最好采用分层取水方式。

我国在20世纪90年代水库的深层取水是中小型水库，仅考虑下游农田灌溉取水需求。最近几年开始对高坝大库考虑下游生态环境安全进行分层取水设计。水库分层取水建筑物主要有两大类，即竖井式和斜涵卧管式。斜涵卧管式只能适用于取水深度、流量较小的水库，竖井式可用于取水流量较大的深水水库。通过设置不同高程进水口或竖向流道，由闸门控制实现表层取水，提高下泄水温。江坪河水电站工程分层取水建筑物设计实践中，对竖向流道型和分层进水口型分层取水建筑物进行了方案比选，对选定的竖向流道型分层取水建筑物，从结构布置、流道设计、金属结构、操作运行等方面进行了探讨。

研究大型水库分层取水方案、梯级水电站联合运行与生态环境协调发展关键技术需要探讨大型水库水温分层预测方法。目前我国正围绕制定大中型水利水电工程水文计算规范中的水库水温估算开展定量方法研究工作。分层取水设施规划设计方案，决定于水库水温分层结构，图1.1显示了年内不同月份的水温分层状况，取水口位置决定了下泄水温高低。开展分层取水研究的重要工作。通过与水温数学模拟结果结合进行大型水库分层取水措施的规划设计，需要了解水库水温分层结构、分层水体的形成方式、分层取水建筑物的结构特性、适用条件、过流特性及各种主要技术参数，通过水温分层预测结果分析验证待建水库取水结构形式的合理性，同时为开展分层选择取水方案与措施建设提供依据。

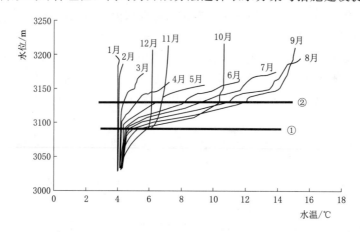

图 1.1　岗托（高）水库平水年坝前垂向水温分布图
①—单层取水高程；②—分层取水高程

在水电规划同时，需要进行水库水温和下泄水温预测，深入分析高坝大库水温分层规律及水温分布与取水高程关系，在此基础上比选分层取水设施布置方案，减缓下泄低温水对生态环境的影响。

随着全国诸多大、中型河流水电站建设的推进，流域开发程度的不断深入，因水电建设改变水温所导致对鱼类等水生生物的影响日渐突显，相应环境影响评价及对策保护措施也日益受到政府及社会各界的高度重视，进行水库库区水温模拟预测及下游河道水温缓解效果研究显得尤为重要，目前国内采用较多的是《混凝土拱坝设计规范》（SL 282—2018）推荐的20世纪80年代以前的经验公式，受当时诸多因素影响，其适用范围有限，计算精度也不能满足现行要求；近几年采用较多的是数值模型，多为国外引进的软件，数值解需要资料多，计算方法复杂不易掌握，运行效率低，计算结果受边界条件、参数率定的影响较大，其结果尚待实测检验，难以指导分层取水设计，简便易行且具有通用性的水温计算方法亟待系统研究和提高。

目前国内尚缺乏系统的、完善的、简便易行的大型水库分层水温预测方法及手段，与国际差距还很大。国内外研究表明，设置分层取水措施，是解决水库水质问题的有效工程措施之一，应当重视大型水库分层水温预测方法的研究，开展水温预测方法与各种分层取水设施规划设计的结合研究，水温预测数学方法可用于指导分层取水的合理结构布置及其设计方案的比选。

本书基于已有的二滩、漫湾等大型水库的实测水温原型观测资料及两河口、金沙江上游的岗托等大型水库环境流体动力学模型数值预测结果，对比分析四川乃至西部山区河流的各类型水库水温分层规律，寻求适合四川乃至西部山区河流的各类型水库水温分布预测的经验公式和解析解公式，为后续的水温预测提供合理的水温预测模型。同时，通过对二滩水库的水温原型观测和两河口大型水库水温预测结果，模拟计算大型分层型水库的水温分布，验证李兰解析解新算法的效果。结合两河口水库的取水、泄水设施的进水口布置及水库调度运行方式，研究大型水库水温分层规律及分层取水与调度运行对下泄水温影响的减缓效果及技术经济合理性，探索合理的下泄水温调度运行及取水和分层取水方式，为水温预测、下泄水温控制提供依据和借鉴，为我国后续大批大型水电站的环境影响评价及分层取水措施设计工作提供参考。

随着我国西部大批水电开发设计建设，为达到国家"十一五"规划中提出的"在保护生态基础上有序开发水电"的要求，需要充分重视、认真研究和解决与水电开发有关的各种生态环境问题。本书研究的目的是发展水温预测模型分支科学研究，为水温预测、分层取水设计方案比选提供科学依据和实例借鉴，在水电有序开发的同时，有效减缓大型水库对下泄水温影响及河道水温减缓效果以及其由此带来的环境影响，实现水电开发和生态环境保护协调发展。

1.3 主要研究内容

本文主要围绕水温计算内容开展研究，重点研究水温计算的简易方法，包括各种经验回归模型和对流扩散方程的解析解算法。主要研究内容如下：

（1）收集与分析国内外水库水温回归计算模型和解析解新算法。

（2）收集研究区域气象、水文、水温实测资料和水电规划成果。

（3）分析天然与建库后的水温分布规律，建立水温回归预测模型、解析预测模型，对模拟效果进行验证比较分析。

（4）改进回归经验模型、提出新的解析解预测模型，并与数值模拟成果或原型观测资料进行比较研究。

（5）应用改进的水温解析解预测公式研究大型水库水温分层规律、分层取水措施与优化调度运行方案对下泄水温影响的减缓效果及技术经济合理性，提出分层取水措施比选评判指标和评价方法。

大型分层水库实施分层取水后，由原来的深层取水改为表层取水，在下泄水温升高的同时改变了原有的热量平衡。由于大量表层温度较高的水体下泄，将可能使水库水体的水温下降，一方面可能使表面水温下降，另一方面也可能对水库的垂向水温结构特征产生影响。根据两河口大型分层取水水库数值计算结果和分层取水措施方案，结合两河口水库进水口水温分布分析电站发电下泄水温与进水口水深、分层取水布置与水库水温结构的关系，探索分层型水库水温计算的简便方法。因此拟通过水温模型对实施不同的分层取水措施方案后的水库水温结构进行模拟计算，分析水库水温结构的变化情况，对不同的取水措施方案分别计算坝前水温分布和下泄水温计算，并对各种取水措施方案的效果进行比较，从水温分层结构角度推荐最优措施方案。

1.4 研究技术路线

主要研究步骤如下：

（1）搜集国内外水库水温计算模型。

（2）水库水温分层类型调查研究。选取我国已建多座大型分层型水库的水温实测资料，考虑代表性和广泛性，水库类型应包括多年调节水库、年调节水库、季调节以上的水库等多种调节性能的不同水温分层类型水库。

（3）常规水温预测模型验证分析。

1）根据调查观测资料分析不同类型、不同地区的水库水温结构特征，其垂向上的变化规律及年内不同时期的水温变化过程。

2）根据实测资料对水温回归模型和现有解析解算法进行验证，分析各类模型的适用范围、误差及参数灵敏度。

（4）改进回归经验模型和改进半经验半理论公式，对改进回归经验模型和改进半经验半理论模型开展模拟计算、误差分析和参数灵敏度分析。

（5）基于平衡温度概念推导具有严格物理意义的水温理论解析解公式，对解析解新算法开展模拟计算、误差分析和参数灵敏度分析。

（6）推荐适合大型分层水库水温解析解新算法，并应用于大型分层水库水温预测与取水措施比选研究。

1.5 研究创新点

本书对国内外水库水温预测方法的相关研究文献和研究成果进行了查询翻译，收集了已建水库的资料，分类整理了水温预测方法，并在深入分析水温时空分布变化规律的基础上提出更有理论基础且简便易行的解析解水温预测方法。由于经验方法具有较大局限性，通用性也较差；数值计算方法需要条件多，计算量大，为近似解；水温计算的发展趋势是解析解方法。为了更准确地进行水库水温预测，本书开展了系列解析解水温预测模型研究，所取得的创新成果如下：

（1）在水库月平均水温动态变化规律的基础上，对原有的美国拉格朗日公式进行了修改，得到了改进的拉格朗日公式，经二滩水库 2002—2005 年月平均水温资料验证，经改进的拉格朗日公式有更好的模拟精度。

（2）改进了水库表层水温沿程变化和水库水温垂向变化的半经验半理论公式，这些公式相对已有的经验公式，参数个数少，更为简便易行；经资料验证，模拟水温与实测水温拟合较好。

（3）为更准确地预测水库水温，除用大量实测资料验证国外解析解公式外，本书还自主推导研究了一系列水温预测模型解析解，包括：一维稳态沿程水温解析解、一维稳态垂向水温解析解以及一维动态垂向水温解析解模型，通过第 7 章对各水温回归模型和解析解算法的分析比较可知，该系列水温预测模型解析解预测出的水温与实测水温的误差较小，模拟精度优于国际上的解析解公式和国内通用的经验公式。

1.6 国内外研究现状概述

1.6.1 国外研究现状概述

从 20 世纪 60 年代初起，美国为了解决湖泊和水库的营养化问题，以及水利工程特别是水电站带来的一系列环境生态问题，如河道水温和流量的变化、影响溯河产卵鱼的回游等，广泛开展了水库水温专题研究工作。

20 世纪 70 年代以来，为了解决生产实际问题，国内提出了许多经验性水温估算方法。经验法具有简单实用的优点，仍在工程中广泛采用，它是在综合分析大量实测资料的基础上提出来的。随着科学技术和计算机技术的快速发展，目前国外应用较多的是水温流体动力学数值计算模型，经验预测方法应用相对较少。

英国和苏联在 20 世纪 30 年代就开始重视水库的水温和水质研究，并进行了水温的实地监测分析。在这以后的发展过程中，美国在水温数学模型的建立和应用方面一直处于世界前列，苏联在现场实验研究方面做了大量深入细致的工作，日本在水库低温水灌溉对水稻产量的影响及水库分层取水方面也进行了很多研究。

20 世纪 60 年代末，美国水资源工程公司的 Orlob 和 Selna 及麻省理工学院的 Huber 和 Harleman，分别独立地提出了各自的深分层蓄水体温度变化的垂向一维数学模型，即 WRE 模型和 MIT 模型。这两个模型的基础是对流扩散方程，都考虑了入流、出流、水库表面热交换对水库温度的影响，并在美国得到广泛应用。20 世纪 70 年代，日本引进并改进了 MIT 水温模型，用于分层水库的温度和浊度的模拟，得到了满意的结果。

20 世纪 70 年代中期和后期，美国的一些研究者又提出了另一类一维水温模型——混合层模型（或总能量模型）。这类模型仍把水库和湖泊处理为一维垂向分层系统，从能量的观点出发，以风掺混产生的紊动动能和水体势能的转化来说明垂向水温结构的变化。与扩散模型相比，混合层模型增加了紊动动能的输移，初步解决了风力混合问题，但不能给出湖下层扩散的细节。

CE - QUAL - W2 是美国陆军工程师团水道实验站开发的二维纵深方向的水动力学和水质模型。它假定水库横向均匀，适用于长而相对较窄的，且只在纵向和深度方向上存在温度（浓度）梯度的水体。

这些模型都在一定程度上反映了当地流场、温度的变化情况，但仍具有相当大的经验性，数值模型计算所需的资料要求高，工作量大，通用性较差。以下主要是对国外的各种水温经验公式及解析解进行介绍。

1.6.1.1 水库出流动态特性

Kim WG et al. 针对 Imha 水库浊流的管理问题，对分层水库的出流动态特性做了详细的描述。

水库的密度分层在温跃层最为明显，但是在均温层也经常有一个较小的温度梯度，水库的出水口位置通常就在此处。如果水以低速流出这样一个出水口，垂向密度梯度可能产生足够的浮力以阻止大部分垂向运动，这样在进水口这一层，水流以一个较薄的水平层流出［图1.2（a）］。当流量较大时，退水层可能与温跃层相交，当流量很大时，浮力可完全不计，水流返回为势流，见图1.2（b）。

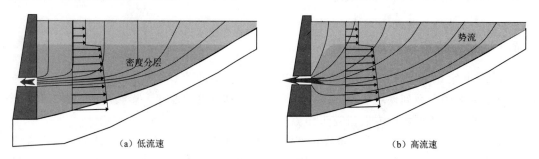

（a）低流速　　　　　　　　　　　　　　（b）高流速

图1.2　水库出流动态特性示意图

释放高浊度水要求监测水库水的特质和出口结构及其上游附近的水流形态。确定影响退水大小、形状、间距和多层出口是必要的，可以预测和控制水库的分层，从而选择有效的地点固定监测站。Kim WG et al. 在研究中，根据三维来流的数值模拟，评价了不同出口结构选择在各级分层水库退水的有效性。图1.3显示了计算区域的简化密度分层和出口结构的建立。

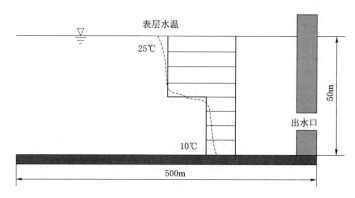

图1.3　计算区域示意图

注　虚线为温度垂向分布曲线；直线网格为计算区域。

1.6.1.2　国外水温经验回归模型

1. 水库恒温计算模式

Harvey 对 Boltzmann 水库做了分析。该水库具有典型的热力学特性，是一个恒温环境。它的微正则系综的熵是一个与内能有关的线性非凹函数，该水库用能量谱描述如下：

$$U(n)=n\varepsilon\ (\varepsilon>0,\ n=0,1,2\cdots) \tag{1.1}$$

$$\Omega(U)=b^n=b^{U/\varepsilon}\quad (b>1) \tag{1.2}$$

式中：U——水库内能（J）；

Ω——简并度，即简并态（能量相同的状态）的数目；

ε——相邻简并能级的分离能（J）；

b——无量纲常数；

n——水库的量子态，为整数。

如果确定了水库的 ε 值，那么水库的温度就由 b 确定，而与 n 无关。水库的温度可由下式计算：

$$T_w = \frac{\varepsilon}{k \ln b} \tag{1.3}$$

式中：T_w——水库温度（℃）；

k——Boltzmann 常数。

从式（1.3）可看出，若给定 ε 值，则水库温度 T_w 由参数 b 确定。水库温度 T_w 与其内能 U 无关，在零功、纯热交换状态下，水库的热容量无限，即 Boltzmann 水库发生热交换时，水库的温度不变（$\Delta T_w = 0$），参数 ε 即表示零功过程。

2. AF 极值水温公式

Marshall 为了更准确地估计水库水温，根据有限的数据，采用经验模型，绘出了来自 20 个非洲水库的最高和最低表面水温与海拔因子的关系图。关系图的绘制有利于提高水库预蓄水水温的预测能力，提高鱼类产量。因为水温明显影响水库的生物过程，利用这一点，可以结合水温模型来预测产鱼量。水温是纬度和海拔的函数，可以根据水库所在地区的气候常识来估计。AF 计算方法如下：

$$AF = 海拔高程 + 纬度 \times 49 \tag{1.4}$$

根据这些信息建立了以下计算水温的模型：

$$T_{wmax} = 34.581 - 0.004AF \tag{1.5}$$

$$T_{wmin} = 27.553 - 0.005AF \tag{1.6}$$

$$T_{wm} = (T_{wmax} + T_{wmin})/2 \tag{1.7}$$

式中：T_{wmax}——水库最高水温（℃）；

T_{wmin}——水库最低水温（℃）；

T_{wm}——水库平均水温（℃）。

这个模型预测最低水温的结果较好，这是因为其中两个水库的 AF 值偏高，不适合准确预测最高水温。造成这种情况的原因目前还不清楚，另外，该模型也没有指出季节水温循环。

3. EMO 年、月平均水温计算公式

Enrique Moreno - Ostos et al. 研究了地中海地区 Sau 水库的热交换特性和温度变化趋势。根据该水库 1980—2003 年中 24 年的实测月平均水温及对应的 8 月退水水深，建立了预测年平均水温的线性回归模型 [式（1.8）]，该模型确定系数 R^2 为 0.79。

$$T_{mean} = 0.0795 Z_{out-August} + 11.104 \tag{1.8}$$

式中：T_{mean}——水库的年平均水温（℃）；

$Z_{out-August}$——对应年份的 8 月退水水深（m）。

根据该水库历年的实测月平均水温值变化趋势（图 1.4），可以假设在平水年，月平均水温呈正弦变化关系。这样，根据水库的年平均水温 T_{mean}，就可计算出该年相应各月的月平均水温 T_w：

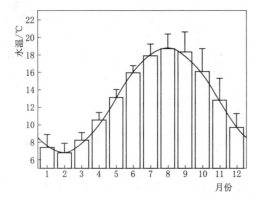

图 1.4 Sau 水库 1980—2003 年月平均
水温变化趋势柱状图

$$T_w = T_{mean} + 5.94\sin\left(\frac{2\pi M}{12} + 3.69\right) \quad (1.9)$$

式中：T_w——月平均水温（℃）；

M——月份，取值为 $1\sim12$。

T_{mean} 可根据该年 8 月的退水水深算出。这样，水库的月平均水温模型只用到了 $Z_{out\text{-}August}$ 这一个预测因子。Sau 水库 1980—2003 年共 24 年的月平均水温和对应的 $Z_{out\text{-}August}$ 值确定系数 R^2 为 0.99。

4. OM 河流最大水温估算公式

O Mohseni et al. 采用一种基于频率的方法来预测可能出现的河流最高水温，该方法是 Hershfield 于 1961 年提出，本质是包络标准偏差 K_E 的评估。河流的可能最大温度可由以下公式表示：

$$T_{w\max} = \overline{T}_N + K_E S_{\max, N} \quad (1.10)$$

式中：$T_{w\max}$——河流的最高可能温度（℃）；

N——观测值的个数；

$\overline{T}_{wN}$——样本数为 N 的最高水温序列的平均值（℃）；

K_E——包络标准偏差；

$S_{\max, N}$——样本数为 N 的最高水温序列的标准方差。

要确定 K_E 值首先要将河流水温记录中的最大值序列提取出来。每个实测最高水温序列的绝对最大值就是式（1.10）所定义的 $T_{w\max}$，$\overline{T}_{wN}$ 和 S_N 根据剔除了 $T_{\max}$ 的序列计算，根据这三个值，就可以计算出标准偏差 K，进一步可以算出所有样本序列标准偏差的平均值。包络标准偏差 K_E 是所有记录中频率出现最高的或最大的值，通过分析大量的独立样本序列，就可以计算出一个有意义的 K_E 值。

O Mohseni 对 Idaho、Maine、Minnesota、Oklahoma 和 Washington 的河流最高（周）水温进行采样，共采取了 100 个样本序列，通过这些互相独立的样本，确定 K_E 值为 4.88。根据遍布美国的水质监测站点记录的 798 个河流水温数值，采取包络标准偏差 $K_E=4.88$，确定了河流的可能最高周水温。与预期的一样，所有的河流可能最高水温值都大于实测的河流水温。但是计算的河流可能最高水温代表 1990 年之前，对一些年最高水温已经达到甚至超过 30℃ 的河流，计算的值可能象征了未来的气候变暖情况。

5. DWN 水温线性回归模型

David W Neumann et al. 建立了回归模型来模拟 Truckee 河的夏季低流速水温。夏季河流的低速流动导致下游河段水温过高，对冷水性鱼类造成威胁。美国根据 1996 年水质管理协议（Water Quality Management Agreement，WQSA）购买用水权，以提高 Truckee 河的水质，特别是 Reno 和 Pyramid 湖之间的下游河段。通过协议获得的水将蓄在上游水库并根据需要放水，以减轻下游水质问题。在小 Truckee 河和 Reno 交汇处的 Truckee 河的水温主要受自然升温影响，包括太阳辐射和热传导。在 Reno 的下游，有工业废水和灌溉回水流入，使得精确的温度预测更加复杂和不确定。要提高 Truckee 河的水质，首先要调查 Reno 的温度。图 1.5 是研究区域示意图。

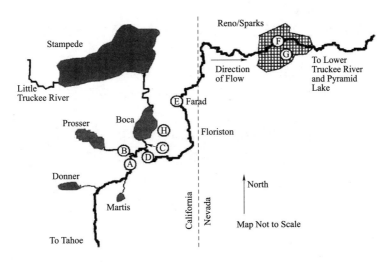

图 1.5　研究区域示意图

David W Neumann et al. 建立了 3 个回归模型来预测河流水温。

（1）简单的线性回归方程：

$$T_w = a_0 + a_1 x_1 + a_2 x_2 + \cdots + a_n x_n \tag{1.11}$$

式中：　　　　T_w——河流水温（℃）；

a_0、a_1、$a_2 \cdots a_n$——系数；

x_1、$x_2 \cdots x_n$——独立预测因子。

预测 Reno 河流水温可以考虑以下预测因子：①前几天位于 Reno 的河流日最大水温（点Ⓕ处）；②与小 Truckee 河汇合处的 Truckee 河日最大水温（点Ⓓ处）；③Reno 的日最高气温（点Ⓖ处）；④Boca 的日最高气温（点Ⓗ处）；⑤Reno 的日平均流量（点Ⓕ处）；⑥Farad 的日平均流量（点Ⓕ处）；⑦Boca 的日最高放水温度（点Ⓒ处）。

第一个预测因子不能用于河流每日的管理，虽然该河历史水温和它前几天的水温关系密切，但一旦上游水库放水就会影响河流下游的水温，这种关系就会改变。所以，前几天河流的水温不能用于模型预测。

（2）流量加权平均法。将上游汇入的支流进行流量加权，即图 1.5 中Ⓐ、Ⓑ、Ⓒ三处历史温度观测值的流量权重平均值。计算公式如下：

$$T_D = \frac{T_{wA} Q_A + T_{wB} Q_B + T_{wC} Q_C}{Q_A + Q_B + Q_C} \tag{1.12}$$

式中：T_{wi}——i 处的水温（℃）；

Q_i——i 处的流量（m³/s）。

该方程代表在没有额外热源或热汇的情况下，热量的守恒原理。

根据 Reno 的预测因子和每日最高水温的散点图及通过散点的局部加权回归曲线可知，气温和水温之间有一个强烈的正相关关系，流量和水温呈负相关。这些结果与所预期的相同，高流量导致低水温，气温变暖导致水温升高。另外，上游水温（ⓒ处和ⓓ处）和 Reno 的水温也密切相关。所有这些因素都与 Reno 水温有关，研究的目标是选择最好的预测因素，来解释水温的变化规律。

（3）AIC 逐步回归模型。通过选择最好的预测因子，广泛使用赤池信息量准则 AIC（Akaike Information Criterion）和 Mallow 的 C_P 特征量是为了在以下两者之间找到折中点：一是尽可能包含所有相关的预测变量以减少偏差，二是通过少量的参数来减少结果变量的误差（标准误差）。逐步回归程序适用于所有预测因子之间的组合，并选出能生成最优特征量的模型。

AIC 统计值是 C_P 统计值的似然版本，可由下式计算：

$$AIC = \hat{\sigma}^2 (C_P + n) \tag{1.13}$$

C_P 计算公式为

$$C_P = p + \frac{(n-p)(s_p^2 - \hat{\sigma}^2)}{\hat{\sigma}^2} \tag{1.14}$$

调整后的 R^2 由下式计算：

$$R^2 = 1 - \frac{s_p^2}{[(SS_y)/(n-1)]} \tag{1.15}$$

式中：n——实测值的个数；

p——变量的个数加 1 [对应式（1.11）中的常数项 a_0]；

s_p^2——每个 p 系数模型的均方误差；

$\hat{\sigma}^2$——真误差的最佳估计；

SS_y——总平方和。

使用 AIC 统计量的原因是，它的均方误差低，但是包含的变量较多。对以上一系列预测因子变量进行一次逐步回归计算，对 AIC 进行优化。通过逐步回归的 AIC 值，可知 Reno 的气温和 Farad 的流量是重要的预测因子。所以选择以下线性回归方程：

$$T_w = a_0 + a_1 T_a + a_2 Q \tag{1.16}$$

式中：T_w——水温（℃）；

T_a——Reno 的气温（℃）；

Q——Farad 的流量（m³/s）。

回归系数 $a_0 = 14.4$℃，$a_1 = 0.40$，$a_2 = -0.49$℃/(m³/s)。这个回归模型的 R^2 为 0.91。图 1.6 显示了 Reno 境内 Truckee 河由回归方程估计的日最高水温值及历史实测值，虚线代表这两者的最佳拟合。

同样，David W Neumann et al. 也对 R^2 和 C_P 统计量进行了逐步回归优化。除了 Reno 的气温和 Farad 的流量，还考虑了 Reno 的流量以及小 Truckee 河和 Truckee 河交汇处下游的水温（D 处）。这个模型的 R^2 为 0.92，与式（1.16）的回

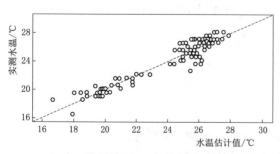

图 1.6 Reno 境内 Truckee 河日最高水温实测值与估计值

归模型区别不大。因为两个模型的 R^2 值比较接近，但式（1.16）的回归模型所用的预测因子更少，所以利用式（1.16）来预测 Reno 境内 Truckee 河水温。

虽然 Boca 水库的下泄水温对 Truckee 河有很大作用，但回归模型中并没选择该变量。这说明 Reno 的预测区域在水库下游很远处，这样气温和流量就是主要因素。这也要求水库足够深，这样水库底部的下泄水温较低。如果水库水位太低，那么该回归模型无效。

1.6.1.3 河流生态水温模型和水库出流水温计算

1. 河流生态水温模型

Gooseff M N et al. 根据美国 Montana 州的 Lower Madison 河的实测资料，建立了河流水温数字模型，研究气候变化对该河水温的影响，并评估对水生生态系统的影响。他们将气温变化应用到每日水温中（包括白天的水温和夜间的水温），来评估潜在的温升影响。研究结果表明，气候变化可能使 Ennis 湖下游水生生态系统的温度升高，从而影响鱼类繁殖，尤其是白天下游水温的温升。

水温变化与一系列的水体热交换过程密切相关，可以用以下公式来表示：

$$T_w = \frac{H}{\rho C_w V} \tag{1.17}$$

式中：T_w——水温（℃）；

$\quad\quad H$——热量（cal）；

$\quad\quad \rho$——水的密度（g/cm³）；

$\quad\quad C_w$——水的比热 [cal/(g·℃)]；

$\quad\quad V$——水体体积（cm³）。

为了减轻河流模拟的难度，用一维模型有限差分格式来模拟系统。另外，也考虑了水动力学变化和大气情况。根据运动波理论描述下游河流的运动情况：

$$\frac{\partial Q}{\partial x} + \frac{\partial A_c}{\partial t} = 0 \tag{1.18}$$

式中：Q——流量（m³/s）；

$\quad\quad A_c$——过水断面面积（m²）。

根据曼宁公式，流量和过水断面的面积有以下关系：

$$Q = \frac{1}{n} \frac{A_c^{5/3}}{P^{2/3}} \sqrt{S_0} \tag{1.19}$$

式中：n——曼宁经验系数；

$\quad\quad P$——湿周（m）；

$\quad\quad S_0$——均匀流的河床坡度，可从美国地质勘探局地形图中得到。

A_c 也可表示为流量的函数：

$$A_c = \alpha Q^{3/5} \tag{1.20}$$

其中，$\alpha = \left(\dfrac{nP^{2/3}}{\sqrt{S_0}} \right)^{3/5}$。

将式（1.19）、式（1.20）代入运动波平衡方程 [式（1.18）] 中可得：

$$\frac{\partial Q}{\partial x} + \frac{3}{5} \alpha Q^{\frac{3}{5}-1} \frac{\partial Q}{\partial t} = 0 \tag{1.21}$$

根据水体表面热通量和水的对流作用，热通量对时间的导数可表示为

$$\frac{\partial H}{\partial t} = \left(\frac{H_{i-1}Q_{i-1}}{V_{i-1}}\right) - \left(\frac{H_i Q_i}{V_i}\right) + (J_{tot}A_s) \tag{1.22}$$

式中：J_{tot}——表面的总热通量 [cal/(cm² · d)]；

$\quad$ A_s——控制区表面面积 （m²）。

热交换主要有 6 个方面：

$$J_{tot} = J_{sol} + J_{an} + J_{sed} - (J_{br} + J_{cc} + J_e) \tag{1.23}$$

式中：J_{sol}——短波辐射热通量 [cal/(cm² · d)]；

$\quad$ J_{an}——大气长波辐射通量 [cal/(cm² · d)]；

$\quad$ J_{sed}——沉积物热通量 [cal/(cm² · d)]；

$\quad$ J_{br}——水体向大气发射的长波辐射通量 [cal/(cm² · d)]；

$\quad$ J_{cc}——传导热通量 [cal/(cm² · d)]；

$\quad$ J_e——蒸发热通量 [cal/(cm² · d)]。

短波辐射 J_{sol} 可以直接测量并输入进模型，测定需要考虑云度、地形及植被覆盖率。

大气长波辐射通量 J_{an} 是气温及大气水汽压的函数：

$$J_{an} = \sigma (T_a + 273)^4 (A + 0.031 \sqrt{e_a})(1 + R_L) \tag{1.24}$$

式中：σ——Stefan – Boltzman 常数 [11.7×10⁻⁸ cal/(cm² · d · K⁴)]；

$\quad$ T_a——气温 （℃）；

$\quad$ A——大气衰减系数，取值为 0.5～0.7；

$\quad$ e_a——大气水汽压 （mmHg）；

$\quad$ R_L——大气反射系数，取值为 0.03。

沉积物热通量根据下式计算：

$$J_{sed} = \frac{k_{sed}\rho_{sed}C_{sed}(T_{sed} - T_w)}{z_{sed}} \tag{1.25}$$

式中：k_{sed}——热扩散系数 （cm²/s）；

$\quad$ ρ_{sed}——沉积物浓度 （g/cm³）；

$\quad$ C_{sed}——沉积物的比热 [cal/(g · ℃)]；

$\quad$ T_{sed}——沉积物的温度 （℃）；

$\quad$ z_{sed}——温度梯度建立后的沉积物的深度，取值为 25cm。

在模型模拟中，初始的沉积物温度与水温平衡。

水体向大气发出的长波辐射是水体热损失的重要组成部分，按下式计算：

$$J_{br} = \varepsilon\sigma (T_w + 273)^4 \tag{1.26}$$

式中：ε——反射率，取值为 0.97。

当表层水温与气温有温差时，水气界面上会通过传导进行热交换，热传导通量正比于表层水温 T_w 和气温 T_{air} 的差值：

$$J_c = c_1(19 + 0.95u_w^2)(T_w - T_{air}) \tag{1.27}$$

式中：c_1——Bowen 系数，取值为 0.47mmHg/℃；

$\quad$ u_w——水面 7m 处的风速 （m/s）。

　　水在从液体转变为气体的蒸发过程中需要吸收热量，水体由于蒸发损失的热量计算公式如下：

$$J_e = (19 + 0.95u_w^2)(e_s - e_{air}) \tag{1.28}$$

式中：e_{air}——空气中的实际水汽压；

　　　　e_s——一定温度下的饱和水汽压，计算公式如下：

$$e_s = 4.596 e^{\frac{17.27 T_{air}}{237.3 + T_{air}}} \tag{1.29}$$

　　根据以上公式，可以建立模型以预测动力流及水温的变化情况，从而评估其对鱼类的影响。根据美国环境保护署总结的水温变化对鱼类的影响，主要有以下 4 个方面的内容。

　　第一个是高起始致死温度（Upper Incipient Lethal Temperature，UILT）的分类。系统对一个给定的适应温度，定义了一个死亡率为 50% 的温度。随着适应温度的升高，UILT 也会升高。鱼类只能适应一定的温度，UILT 到达最大值时，温度的增加对鱼类是致命的。这个上限值就是高起始致死温度的极限（the Ultimate Upper Incipient Lethal Temperature，UUILT）。

　　第二个是定义短期最大温度。这个温度是建立在 UILT 的基础上，但是对所有生物来说都是相对安全的。根据美国环境保护署的实验数据，温度和曝光时间是呈半对数关系的。可用下式表示：

$$T_{short} = \frac{\lg t_{min} - a}{b} - 2 \tag{1.30}$$

式中：a、b——常数；

　　　　T_{short}——短期的最高温度（℃）。

　　第三个是根据观察或实验定义的高零净增长温度（Hpper Zero Net Growth Temperature，UZNG），即在试验条件下（如食物充分、水质好等），超过这个温度，鱼类死亡的速度将超过生长的速度。

　　第四个是鱼类生长的最高温度（Maximum Growth Temperature，MGT），它建立在多个鱼类物种个体生长温度基础上，取其最大值。对于给定的物种，MGT 值是简单地取适宜温度和 UZNG 的平均值。因为不同物种的 UZNG 信息较少，所以估计 MGT 的值通常采取以下方法：

$$MGT = T_{opt} - \frac{UUILT - T_{opt}}{3} \tag{1.31}$$

式中：T_{opt}——适宜鱼类生长的最佳温度。

　　2. 水库出流水温计算

　　在坝前出现垂向水温分层现象时，因引水口位置不同，将影响水库出流水温。美国陆军工程师兵团河道实验站的研究成果，即流速分布加权法预测水库泄水水温，具有计算简单、结果准确的特点。该方法的原理为发电引水时仅能造成进水口附近一定范围内的水体流动，形成一个取水带，在其界外水体处于静止。故为计算出流水温，必须首先确定取水带范围，与取水带有关的参数有引水口尺寸、引水流量、水体密度等。

　　（1）取水带范围。当取水不受边界条件约束时，取水带可由下式计算：

$$Z = [V_0^2 A_0^2 / (\Delta\rho' / \rho_0) g]^{1/5} \tag{1.32}$$

式中：Z——从引水口中心线高程到取水带上界的垂直距离（m）；

　　　V_0——流经引水口的平均流速（m/s）；

　　　A_0——引水口面积（m^2）；

　　　$\Delta\rho'$——引水口中心线高程与取水带上下界之间的流体密度差（kg/m^3）；

　　　ρ_0——引水口中心位置的水体密度（kg/m^3）；

　　　g——重力加速度（m/s^2）。

（2）流速分布的计算。在取水带内不同高程处的流速是不一致的，以最大流速 V 处的高程为分界，可由下式分别描述上下两部分的流速分布：

$$\frac{v}{V} = \left(1 - \frac{y\Delta\rho}{Y\Delta\rho_m}\right)^2 \tag{1.33}$$

式中：v——取水带内 y 处的流速（m/s）；

　　　V——取水带内最大流速（m/s）；

　　　y——从最大流速位置到流速 v 处的垂直距离（m）；

　　　Y——从最大流速位置到取水带边界的垂直距离（m）；

　　　$\Delta\rho$——从最大流速位置到流速 V 处的水体密度差（kg/m^3）；

　　　$\Delta\rho_m$——从最大流速位置到取水带边界的水体密度差（kg/m^3）。

（3）最大流速及其位置的计算。当取水带对称于引水口中心线时，最大流速出现在中心高程处；但通常取水带上下界并不对称，最大流速位置可由下式计算：

$$Y_1 = H\left[\sin\left(1.57\frac{Z_1}{H}\right)\right]^2 \tag{1.34}$$

式中：Y_1——从最大流速 V 处到取水带下界的垂直距离（m）；

　　　H——取水带厚度，$H = Z_1 + Z_2$。

假定取水带内的流速分布在横向上是均匀的，则平均流速和最大流速具有以下关系：

$$\frac{\bar{v}}{V} = \frac{1}{A}\left(\int_0^{y_1} b\,\frac{v_1}{V}\mathrm{d}y + \int_0^{y_2} b\,\frac{v_2}{V}\mathrm{d}y\right) \tag{1.35}$$

式中：$\bar{v}$——取水带内的平均流速（m/s）；

　　　A——取水带的截面积（m^2）；

　　　b——取水口断面高程 y 处的水库宽度（m）。

令式（1.35）中积分为 K，相应公式变为

$$\frac{\bar{v}}{V} = \frac{K}{A} \tag{1.36}$$

则有：

$$V = \frac{Q}{K} \tag{1.37}$$

式中：Q——引水流量（m^3/s）。

1.6.1.4　水温对流扩散方程及解析解

1. 河流一维热交换水温解析解模型

O Mohseni et al. 以周为时间尺度，建立了水体表面温度和空气温度的关系。在高气温状态下，水体表面的水汽压亏缺引起强蒸发冷却，使水温-气温关系趋于平缓。在低气温状态下，水温经常接近 0℃，如果有上游流量控制或供热，水温接近的最低温度会高于

0℃。这样，水温-气温的关系就不是一条直线，而是呈"S"形分布。当气温很高或很低时，线性关系并不适用。

为了研究水体的气温-水温关系，O Mohseni et al. 根据一维热交换模式和平衡温度的概念，推导出了水温 T_w 的解析解公式：

$$T_w = T_e + (T_{w0} - T_e)\exp\left(-\frac{K_e x}{\rho_w C_w q}\right) \tag{1.38}$$

式中：T_{w0}——上游水温（℃）；

　　　x——沿水流方向的距离（m）；

　　　q——单宽流量（m²/s）；

　　　ρ_w——水的密度（kg/m³）；

　　　C_w——水的比热 [J/(kg·℃)]；

　　　T_e——当空气与水体表面的热交换达到平衡时，水体的平衡温度（℃）；

　　　K_e——热交换的容积系数，是气温、露点温度及风速的函数。

式（1.38）表示水温随着上游水温到达平衡水温所需的距离而变化。水流较浅时，小时水温滞后平衡温度 4~6h。以周为时间尺度，当 x 值较大时，水温受大气影响强烈，与周平均平衡水温关系密切。在小流域或丰水期，水温与上游水温 T_0 关系密切。如果能将平衡温度、上游温度和气温联系，就能解释水温和气温的关系。要联系 T_0 和 T_a，就要排除水库向下游排水的情况，因为此时两者不能建立关系。

O Mohseni et al. 将周平衡水温 T_e 和周气温 T_a 建立如下关系：

$$T_e = B_0 T_a + B_1 - B_2(e_w^* - e_a^*) \tag{1.39}$$

式中：e_a^*——大气的蒸气压；

　　　e_w^*——水体表面的蒸气压。

参数 B_0、B_1、B_2 计算如下：

$$B_0 = \frac{\varepsilon_a A_{11} + D_c u}{\varepsilon_w A_{11} + D_c u} \tag{1.40}$$

$$B_1 = \frac{S_t \tau (1 + a_w)(1 + M_{sh}) + A_{01}(\varepsilon_a - \varepsilon_w)}{\varepsilon_w A_{11} + D_c u} + \frac{M_0 + M_1 - M_2}{\varepsilon_w A_{11} + D_c u} \tag{1.41}$$

$$B_2 = \frac{D_e u}{\varepsilon_w A_{11} + D_c u} \tag{1.42}$$

式中：M_{sh}——河流的日照因子，在 0~1 之间；

　　　ε_a——大气的辐射率；

　　　ε_w——水体表面的辐射率；

　　　u——风速（m/s）；

　　　D_e——蒸发扩散系数；

　　　D_c——热通量对流扩散系数；

　　　S_t——入射的太阳辐射；

　　　τ——大气透射率；

a_w——水面反射率；

A_{11}、A_{01}——计算大气长波辐射的参数，在本书中分别为：$A_{11}=0.46\text{MJ}/(\text{m}^2 \cdot \text{d} \cdot ℃)$，$A_{01}=28.38\text{MJ}/(\text{m}^2 \cdot \text{d})$。其余参数为

$$M_0 = A_{11}\overline{\varepsilon_a' T'} \tag{1.43}$$

$$M_1 = \overline{(D_c u)'(T_a' - T_e')} \tag{1.44}$$

$$M_2 = \overline{(D_e u)'(e_w^{*'} - e_d^{*'})} \tag{1.45}$$

在水流温度较低的时候，如 $0<T<5℃$，水温与气温相关，接近 $0℃$，水体表面的蒸气压可以用水温 T 的线性函数来近似表示：

$$e_w^* = 0.611\exp\frac{17.3T}{237+T} \cong 0.611\left(1+\frac{17.3T}{237+T}\right) \approx e_a^* + 0.045T \tag{1.46}$$

其中，e_0^* 是气温为 $0℃$ 时的饱和蒸气压（$0.611/\text{kPa}$），将式（1.46）代入周气温公式（1.39）中，并假设 $T=T_e$，则低温时的周平衡水温可用下式表示：

$$T_w = \frac{B_0}{1+0.045B_2}T_e + \frac{B_1 + B_2(e_w^* - e_0^*)}{1+0.045B_2} \tag{1.47}$$

气温较低时，大气的蒸气压 e_a^* 很小，与水体表面的蒸气压 e_w^* 相比可忽略不计。假设 $B_2=10℃/\text{kPa}$，则与式（1.39）相比，相关系数 $B_0/(1+0.045B_2)$ 比 B_0 要小 30% 不止。当气温较低的时候（水没有结冰），平衡水温与气温呈线性相关，斜率大概为 0.68。Paily 等在气温低于 $0℃$ 时，对一维热交换方程进行多重线性回归，其结论也证实了低温下式（1.47）的正确性。

当气温较高时，可以根据 $\partial T_e/\partial T_a$ 来看式（1.47）的变化。假设露点温度的蒸气压与气温无关，那么可以设气温的偏导为 0，水温对气温的偏导可以表示为

$$m = \frac{\partial T_w}{\partial T_a} = B_0 - B_2\frac{\partial e_w^*}{\partial T_a} \tag{1.48}$$

无量纲的斜率为

$$\frac{m}{B_0} = \frac{1}{1+4100B_2 e_w^*/(237+T_e)^2} \tag{1.49}$$

式（1.49）中所有数值均为正数，分母大于 1。随着平衡水温的增加，蒸气压 e_w^* 增加，分母也增加，斜率 m 减小，这样相关性也降低。图 1.7 一组曲线表示给定一组不同的 B_2 值，当周水温温度变化时，无量纲斜率 m/B_0 的变化。最上面的一条曲线表示当水温较低，表面糙率小或者风速影响较小，平衡水温/气温的斜率与线性模型的相关系数为 90%。随着平衡水温的增加，即使表面糙率小，斜率也有减小的趋势。当 B_2 值较大，考虑表面糙率时，斜率明显降低，当平衡水温为 $30℃$ 左右时，斜率与线性模型的相关性只有 30%。

从图 1.8 可知，河流的水温在平衡水温和上游水温之间变化，平衡水温仅与气候有关，而上游水温与地质、气候、人工水库及其流量都有关系。周平衡水温与气温的关系是一个"S"形的函数。在适中的温度如 $0\sim20℃$，两者为线性关系，斜率可参考式（1.40）；低温状态下可参考式（1.47），高温状态下斜率参考式（1.49）。

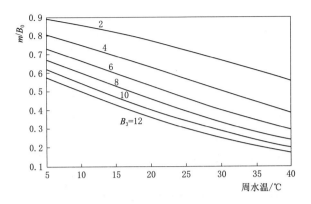

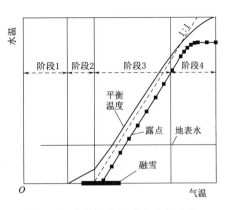

图 1.7   给定 B_2 值条件下无量纲斜率 m/B_0 随周水温变化情况

图 1.8   水流平衡温度和上游水温

2. John R. Yearsley 拉格朗日水温模型

John R. Yearsley 针对河流和水库建立了拉格朗日水温模型，并针对 Columbia 河分析了气候变化对水温的影响，可为解决水质问题提供参考。该水温模型建立在热力学第一定律的基础上，河流表面总能量交换可由以下方程描述：

$$\rho_w C_w \Delta T_w = +q_{air\text{-}water} + q_{water\text{-}channel} + q_{advected} + q_{internal} \tag{1.50}$$

式中：ρ_w——水的密度（g/cm³）；

  C_w——水的比热 [cal/(g·℃)]；

  $q_{air\text{-}water}$——空气与水体表面的热能交换；

  $q_{water\text{-}channel}$——水与河流岸边或底部的传导热交换；

  $q_{advected}$——平流源热通量，如支流或地下水；

  $q_{internal}$——内部产生的热能。

在一维水温系统模型中，x 为欧拉坐标系中固定一点，x_0 为 t_0 时刻的位置，u 为过水断面的平均流速，给定 ξ 坐标为

$$\xi = x - x_0 - \int_{t_0}^{t} u \, dt' \tag{1.51}$$

计算水温 T 的拉格朗日模式可表达为

$$\rho C_w \frac{\partial (T_w A_x)}{\partial t} = \rho C_w \frac{\partial}{\partial x}\left(D_L A_x \frac{\partial T_w}{\partial x}\right) + S + \Phi \tag{1.52}$$

式中：A_x——河流的截面面积（m²）；

  D_L——纵向扩散系数（m²/s）；

  S——源项 [J/(m·s)]；

  Φ——支流或地下水的对流能量 [J/(m·s)]。

式（1.52）中，对流项 $\rho C_w \dfrac{\partial (T_w A_x)}{\partial t}$ 的量纲为 $O(u/L)$，L 为特征长度；扩散项 $\rho C_w \dfrac{\partial}{\partial x}\left(D_L A_x \dfrac{\partial T_w}{\partial x}\right)$ 的量纲为 $O(D_L/L^2)$。当 $u/L > D_L/L^2$ 时，水体中对流项起主导作用。Toprak 和 Savci 根据对天然河道的水温模拟，发现扩散系数在 $2 \sim 1486\text{m}^2/\text{s}$ 之间变

化，平均值为 $120 \mathrm{m}^2/\mathrm{s}$。根据该平均扩散系数，若河流流速的数量级为 $1 \mathrm{m}/\mathrm{s}$，则当河流长度超过 $100 \mathrm{m}$ 时，对流项起主导作用。在该尺度下，天然河流系统中的许多研究都忽略了扩散项。式（1.52）可化简为

$$\rho C_w \frac{\partial(T_w A_x)}{\partial t} = S + \Phi \tag{1.53}$$

将河流系统分为 N 段，不要求每段的空间尺度一致。在某一个给定的时刻，假设河流系统每一段的流速和几何特性都不变，只记录每段边界处的水温值。在计算时段末 $t = n\Delta + \Delta$，河段 J 处下游末尾标记一段水体，该微元段为有限截面面积，在 $t = n\Delta$ 到 $t = n\Delta + \Delta$ 时刻之间，微元段的轨迹最终在 x_j 处。

$$x_j = x_{j0} + \sum_{j'=j0}^{j} u(j')\Delta(j') \tag{1.54}$$

式中：x_{j0}——在 $t = n\Delta$ 时，x_j 的位置；

$u(j')$——第 j' 段水体的流速；

$\Delta(j')$——第 j' 段所需的时间，$\sum \Delta(j') = \Delta$。

则在第 j' 段，水温变化的差分格式为

$$\rho C_w \{T_w[n\Delta + \sum\Delta(j')] - T_w[n\Delta + \sum\Delta(j'-1)]\} = \left[\frac{q(n\Delta, x_{j'})}{D(n\Delta, x_{j'})} + \Phi(n\Delta, x_{j'})\right]\Delta(j') \tag{1.55}$$

式中：D 为河道断面的平均水深，其余变量如前文描述。源项 S 被 $q(n\Delta, x_{j'})$ 代替，即 $t = n\Delta$ 时刻、$x_{j'}$ 处空气和水体表面的能量交换。流速 u 和水深 D 可用很多方法确定。因为该水温模型假设水体在纵向和横向充分混合，由温度梯度引起的密度作用可以忽略。当有观测流量值 Q 时，水深 D 和流速 u 可由以下关系式确定：

$$D = aQ^b \tag{1.56}$$

$$u = cQ^d \tag{1.57}$$

以上为计算水温的数值方法，John R. Yearsley 将该模型应用于太平洋西北部 Clearwater 河和 Columbia 河。Clearwater 河位于美国爱达荷州，是 Snake 河的最大支流。该河流的水温受上游 Dworshak 大坝和水库放水的影响。利用拉格朗日方法模拟的及实测的日平均水温与小时水温见图 1.9、图 1.10，标准偏差分别为 $0.67℃$、$0.61℃$。该结果表明，拉格朗日方法准确地反映了每日的能量平衡变化情况及温度的突变，可应用于水资源管理。

Columbia 河是一条国际河流，发源于加拿大不列颠哥伦比亚，西南流经美国，注入太平洋。沿干、支流建有很多大坝及水库，用于灌溉、发电、航运、工业等各个方面，这也使得该河的水温产生很大变化。利用拉格朗日法模拟的 Columbia 河水温值见图 1.11 和图 1.12。

根据平衡温度的概念，可推导出计算水温的解析解。此时，水温在一维河流系统中是时间的函数，参考拉格朗日模式可表达为

$$\frac{\mathrm{d}T_w}{\mathrm{d}t} = K(T_e - T_w) \tag{1.58}$$

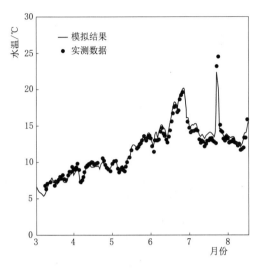

图 1.9 爱达荷州 Clearwater 河 1998 年 4—8 月
模拟及实测的日平均水温值

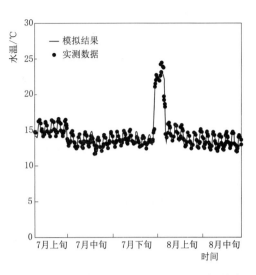

图 1.10 爱达荷州 Clearwater 河 1998 年夏季
模拟及实测的小时水温值

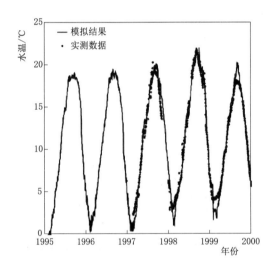

图 1.11 Grand Coulee 大坝处（Columbia 河
957.6km）模拟和实测日平均水温

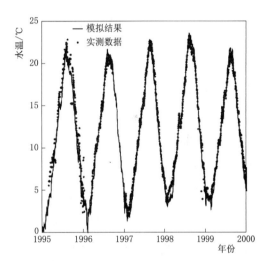

图 1.12 Bonneville 大坝处（Columbia 河
235.0km）模拟和实测日平均水温

式中：K——一阶速率常数，是气象参数和水深的函数；

　　T_e——当空气与水体表面不再发生热交换时水体的温度。

假设河流的过水断面不变，且稳定流被均分成 100 段，假定流速为每部分水体在单位时间内穿过每段河流。为求出上式的解析解，假设强迫函数呈正弦变化。文中用到的例子是热通量呈正弦变化，如平衡温度，其初始条件的变化也类似。平衡温度可通过下式计算：

$$T_e = [T_{w\Delta} \sin(2\pi t/P_\Delta) + T_{avg}]\delta(t) \tag{1.59}$$

式中：$T_{w\Delta}$——水温的变幅（℃）；

　　P_Δ——正弦变化的周期（d）；

T_{avg}——平均水温（℃）；

t——时间（d）；

$\delta(t)$——单位阶跃函数，$t<0$ 时为 0，$t\geqslant0$ 时为 1。

根据拉普拉斯变换，式（1.59）的解为

$$T_w(t)=T_0(t-\tau)+KT_{w\Delta}\left\{\frac{\cos[w(t-\tau)]}{w^2+K^2}[we^{-k\tau}-w\cos(w\tau)+K\sin(w\tau)]\right.$$

$$\left.+\frac{\sin[w(t-\tau)]}{w^2+K^2}[-Ke^{-k\tau}+K\cos(w\tau)+w\sin(w\tau)]\right\}+T_{avg}(1-e^{-k\tau})\quad(1.60)$$

其中，$w=2\pi/P_\Delta$；$\tau=\pi/U$；$T_0=\Delta T_0\sin(2\pi t/P_0)+T_{avg}$，为 $x=0$ 处的边界条件。

当强迫函数的周期分别为 5 和 10 时，其模拟结果见图 1.13 和图 1.14。

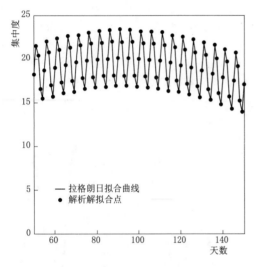

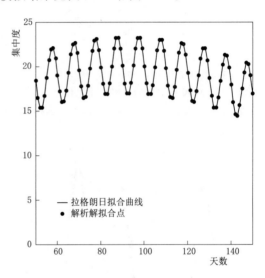

图 1.13 输入呈正弦变化、周期为 5 时，解析解拟合点与拉格朗日拟合曲线模拟结果比较   图 1.14 输入呈正弦变化、周期为 10 时，解析解拟合点与拉格朗日拟合曲线模拟结果比较

3. 完全混合型水库水温模型的解析解

Michael L. Deas et al. 总结了各种常用的水温数学模型及其应用情况。水力学及温度模型中采用的控制方程都是复杂的偏微分方程，不能用传统的数学方法直接解出，而是采用数值方法，通过计算机近似求出代数形式的偏导控制方程的数值解。这种方法效率高，结果准确，但是都有各自的限制条件。在模型的选择应用中，时空限制、数值离散和准确性都要考虑。因此，寻求新途径推导水温数学模型的解析解十分必要。

计算水温的一维对流扩散方程为

$$\frac{\partial T_w}{\partial t}+u_x\frac{\partial T_w}{\partial x}=\frac{\partial}{\partial x}\left(D_x\frac{\partial T_w}{\partial x}\right)+\frac{H_{net}}{\rho_wC_w}\frac{A}{V}\quad(1.61)$$

式中：T_w——水温（℃）；

D_x——x 方向上的扩散系数（m^2/s）；

A——流体表面积（m^2）；

V——流体体积（m^3）；

H_{net}——净热通量（W/m^2）;

ρ_w——水的密度（kg/m^3）;

C_w——水的比热［$J/(kg \cdot ℃)$］。

在一维的水温模型中，扩散所起的作用较小，忽略扩散项通常可以简化为

$$\frac{\partial T_w}{\partial t} + u_x \frac{\partial T_w}{\partial x} = \frac{H_{net}}{\rho_w C_w} \frac{A}{V} \tag{1.62}$$

理论上，河流水温的偏微分方程能够得到其数值解和解析解。数值方法可通过多种计算方式得出其近似解，且计算量大。解析技术通过整合时间和空间的变化，得到一个单一的代数形式的封闭解。随着计算能力的增加，数值解得到广泛的应用，因为该方法不需进行很多简化，而解析解计算较难。解析模型虽然经过很多简化，但能够方便地嵌入电子表格应用程序，而且能有效地说明河流温度的动态变化。

如果 H_{net} 能够简单地由时间和空间组合的等式描述，那么可求出简化一维水温模型式（1.62）的解析解。在已知或有预期水温值的情况下，可将能量收支方程简化。Edinger 等将净热通量表达为总热交换系数与平衡温度的函数：

$$H_{net} = K(T_e - T_w) \tag{1.63}$$

式中：K——热交换系数［$W/(m^2 \cdot ℃)$］;

T_e——平衡温度（℃）。

该方程适用于大时间步长（如：月）过程，因为它近似于稳态情况。在实际应用中，通常假设模拟段在垂向和横向已经完全混合，能量收支等式可进一步简化为常微分方程：

$$\frac{dT_w}{dt} = K(T_e - T_w) \tag{1.64}$$

式（1.64）可以解析解的方式求出其封闭形式解：

$$T_w = T_e + (T_{w0} - T_e)\exp\left(-K\frac{x}{u}\right) \tag{1.65}$$

这种简化方式通常用于区域模型和水箱模型，即将模拟系统分为不同的完全混合的水箱。这种模型不能很好地描述系统的非均匀性，但性质不同的各种水箱模型可组合成一个大的非均匀系统。

4. 流量-水温关系

Gu R et al. 定量分析了与气候变化密切相关的河流水温-流量的关系，以控制夏季河流的水温。通过对历史数据进行相关性和回归分析，解出了热平衡方程的数值解，并据此量化分析径流对河流水温的影响。美国内布拉斯加州 Platte 河连续五年的实测数据说明了该方法可用于实际水质管理中。

为求出河流水温的解析解，采用了以下简化的河流热平衡方程：

$$\frac{\partial T_w}{\partial t} = \frac{H_f}{\rho_w C_w D} \tag{1.66}$$

式中：T_w——水温（℃）;

t——时间（s）;

ρ_w——水的密度（kg/m^3）;

C_w——水的比热［$kcal/(kg \cdot ℃)$］;

D——水深（m）；

H_f——水面净热交换率（W/m^2）。

Gu R et al. 通过分析 Platte 河连续五年的实测水温及气象数据（图 1.15），检测了流量对 T_{max} 和水温昼夜温差（$\Delta T = T_{max} - T_{min}$）的影响。

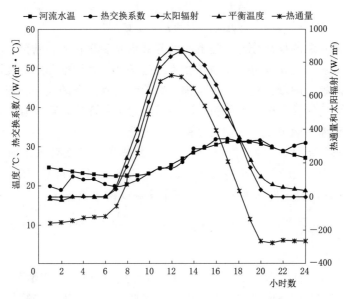

图 1.15　Platte 的河流水温和气候参数日变化（1992 - 07 - 14）

由图 1.15 可知，T_e 的日变化可近似表达为时间的正弦函数。已知流量，可根据曼宁方程算出水深，也可根据水力定额曲线，采用幂函数的形式，拟合出宽度-流量的经验关系式。水温昼夜温差 ΔT 与平衡水温的日变幅 ΔT_e 有关。根据热平衡方程，可算出日平均水温的解析解：

$$T_{wmean} = T_e + (T_e - T_0) \frac{Q}{\alpha W} \mathrm{e}^{-aW/Q} \tag{1.67}$$

$$a = \frac{KL}{\rho C_w}, W = cQ^d \tag{1.68}$$

式中：L——河段长度（m）；

Q——河道流量（m^3/s）；

W——水面宽（m）；

T_0——河道上游水温（℃）；

K、c、d——参数。

式（1.67）表明，随着气候的变化，水温趋近于平衡温度，因为上游入流，水温趋近于上游入流温度（T_0）。在一定流量下，水库的下泄水温将影响下游很长一段距离的河流水温（如：在 Platte 河，当 $Q = 20 \sim 50 m^3/s$ 时，$L > 5km$）。日最大水温的理论解为

$$T_{max} = T_{mean} + r_w \frac{2(T_{e,max} - T_e)}{\sqrt{1 + \frac{C_1}{K^2} \left(\frac{Q}{W} \right)^{6/5}}} \tag{1.69}$$

$$C_1 = (2\pi w \rho C_w)^2 \ (n/S_0^{1/2})^{6/5} \tag{1.70}$$

式中：w——呈正弦变化的平衡温度的频率；

$\quad n$——曼宁粗糙系数；

$\quad S_0$——河底坡度；

$\quad r_w$——实测日水温变幅与平衡温度的比值，由实测数据确定。

5. 水温垂向动态过程解析解模型

John Keery et al. 为了探讨地下水与地表水相互渗透的时空变化，利用温度时间序列建立了数学模型。稳定下渗量为 q 的垂直柱体的一维热交换方程为

$$\frac{\lambda_e}{\rho c}\frac{\partial^2 T_w}{\partial z^2} - q\frac{\rho_w C_w}{\rho c}\frac{\partial T_w}{\partial z} = \frac{\partial T_w}{\partial t} \tag{1.71}$$

式中：T_w——温度；

$\quad t$——时间；

$\quad z$——距离；

$\quad q$——垂直渗透量，在 z 方向上为正；

$\quad \rho$——饱和沉积物密度；

$\quad \rho_w$——水的密度；

$\quad c$——饱和沉积物的比热；

$\quad C_w$——水的比热；

$\quad \lambda_e$——饱和沉积物的有效导热系数。

假设边界条件为：在柱体表面（$z=0$）水温呈正弦变化，且振幅为 ΔT，周期为 τ；在柱体末端（$z=\infty$），水温不随时间波动。假设饱和沉积物的各向特性一致，则在深度为 z 处水温可由下式表示：

$$T_w - T_{wAZ} = \Delta T_w e^{-az}\sin\left(\frac{2\pi t}{\tau} - bz\right) \tag{1.72}$$

式中：T_w——在 t 时刻 z 处的温度；

$\quad T_{wAZ}$——没有受表面传导的振幅波动影响时，t 时刻 z 处的温度。

a、b 为常数，定义如下：

$$a = \left[\left(\kappa^2 + \frac{\xi^4}{4}\right)^{\frac{1}{2}} + \frac{\xi^2}{2}\right]^{\frac{1}{2}} - \xi \tag{1.73}$$

$$b = \left[\left(\kappa^2 + \frac{\xi^4}{4}\right)^{\frac{1}{2}} - \frac{\xi^2}{2}\right]^{\frac{1}{2}} \tag{1.74}$$

$$\kappa = \frac{\pi c \rho}{\lambda_e \tau} \tag{1.75}$$

$$\xi = \frac{q C_w \rho_w}{2\lambda_e} \tag{1.76}$$

6. 不考虑热源项一维垂向水温对流扩散方程解析解

JI Shun-Wen et al. 不考虑热源项建立的垂向一维水温方程为

$$\frac{\partial T_w}{\partial t} + v\frac{\partial T_w}{\partial z} = D_z\frac{\partial^2 T_w}{\partial z^2} \tag{1.77}$$

通过边界条件 $T_w = T_a + T_b \cos(\omega t)$（$z = 0$，$t \geqslant 0$）求解一维垂向水温对流扩散方程，先假设 T_w 可表达为

$$T_w = T_a + T_{w0} \mathrm{e}^{-\left(\frac{v}{2D_z}z + \frac{v^2}{4D_z}t\right)} \tag{1.78}$$

式中：T_w——在 t 时刻 z 处的水温（℃）；

$\quad\quad T_a$——在 t 时刻 z 处的气温（℃）；

$\ T_b$、T_{w0}——在 t 时刻 z 处的初始水温（℃）；

$\quad\quad v$——垂向对流参数（m/s）；

$\quad\quad D_z$——垂向扩散系数（m²/s）；

$\quad\quad z$——垂向距离（m）。

根据拉普拉斯变换，方程的解为

$$T_w(z,t) = T_a + T_{w0} \mathrm{e}^{[-v/2D_z - \sqrt{2}f(v,D_z,\omega)/4D_z]z} \cos\left(\omega t - \frac{\sqrt{2}\,\omega}{f(v,D_z,\omega)}z\right) \tag{1.79}$$

$$f(v,D_z,\omega) = \sqrt{v^2 + \sqrt{v^4 + 16D_z^2\omega^2}} \tag{1.80}$$

1.6.2 国内研究现状概述

我国对水库水温预测方法的研究起步较晚，发展经过了三个阶段，第一个阶段是对建库前和建库后的水库水温进行实测，收集整理水温资料，并根据实测水温资料，分析建库后水温的分布规律；第二个阶段是利用已有的水温资料，建立经验公式，模拟建库后水库水温分布；第三个阶段是推广应用经验公式，进行总结，并将不同的代表性较好的经验公式写入设计规范或设计手册。

我国从 20 世纪 50 年代中期开始进行水库水温观测；60 年代进行过水库水温特性的分析研究；70 年代有部分生产单位在水库水温估算方面取得了进展；80 年代以来，有更多的单位开展水库水温研究工作，并取得了一批有价值的研究成果。自 20 世纪 70 年代以来，为了解决生产实际问题，国内提出了一些经验性水温估算方法。这些方法都是在综合分析大量实测资料的基础上提出的，具有简单、实用的优点。经验法是在生产实践的基础上综合分析大量实测资料，先估算出计算时段的库水表面温度及库底水温，然后再推算其垂向分布。经验法具有简单实用的优点，在实践中得到了广泛应用。截至 2021 年，国内提出的经验性水温估算方法，其中最具有代表性的几种经验性公式是：东北勘测设计院张大发提出的坝前垂向水温指数函数、中国水利水电科学研究院朱伯芳提出的坝前垂向水温余弦函数、水利水电科学研究院结构材料所提出的年平均水温统计公式，以及西安理工大学李怀恩提出的幂函数公式。前两种方法可方便地预测未建水库坝前垂向水体的水库月平均水温变化过程，统计公式可用于计算水库年平均水温，且常与朱伯芳公式联合运用；这些方法是在综合分析国内水库实测水温资料的基础上提出的回归模型和经验公式，被国内生产建设单位广泛应用。其中，东北勘测设计院张大发提出的坝前垂向水温指数函数，已编入《水利水电工程水文计算规范》（SL/T 278—2020）；中国水利水电科学研究院朱伯芳提出的坝前垂向水温余弦函数和水利水电科学研究院结构材料所提出的年平均水温统计公式，已编入《混凝土拱坝设计规范》（SL 282—2018）和《水工建筑物荷载设计规范》（SL

744—2016）；另外，这三种方法全部被编入《水电工程水温计算规范》（NB/T 35094—2017）。

1.6.2.1　水库表层年平均水温预测方法

1. 气温与水温相关图

气温与水温之间有良好的相关性。可根据实测资料建立两者之间的相关图，然后由气温推算出水库表层水温。《水利水电工程水文计算规范》（SL 278—2020）规定：设计依据站具有 10 年以上水温观测系列时，可直接统计有关特征值。水温观测系列不足 10 年时，可插补延长。根据我国 16 座大中型水库的实测资料，点绘了多年平均气温与水库表层水温的相关关系图。根据相关图用各梯级电站库区的多年平均气温得到相应水库的表层年平均水温。

2. 纬度与水库表层水温相关法

水库水温与地理纬度的关系与气温相似。纬度高，水温表层年平均水温就低；纬度低，水库表层年平均水温就高。水库表层年平均水温随纬度变化的相关关系较好。因此《水利水电工程水文计算规范》（SL 278—2020）根据已建水库的实测资料，提供了水库表层年平均水温与地理纬度的相关关系图。

3. 来水热量平衡法

大型水库的热能主要来自两个方面，一是水库表面吸收的热能；二是上游来水输入的热能。在河水进入水库之前，已经和大气进行了充分的热交换，已达到一定水温。水气间的热交换基本达到平衡。因此水库水温主要取决于上游来水的水温和本库区气温。这样就可以根据上游来水的流量和水温推算水库表层水温。即：

$$T_{sw} = \sum_{i=1}^{12} Q_i T_i / \sum_{i=1}^{12} Q_i \tag{1.81}$$

式中：T_{sw}——水库表层水温（℃）；

　　　Q_i——水库上游多年逐月平均来水量（m³/s）；

　　　T_i——水库上游来水多年逐月平均水温（℃）。

4. 朱伯芳公式

对于一般地区（年平均气温 10～20℃）和炎热地区（年平均气温 20℃ 以上），这些地区冬季不结冰，表面年平均水温可按下式计算：

$$\overline{T}_{sw} = \overline{T}_a + \Delta b \tag{1.82}$$

式中：$\overline{T}_{sw}$——库表面年平均水温（℃）；

　　　$\overline{T}_a$——当地年平均气温（℃）；

　　　Δb——温度增量，一般地区 $\Delta b = 2 \sim 4℃$，炎热地区 $\Delta b = 0 \sim 4℃$。

对于寒冷地区（年平均气温 10℃ 以下），采用以下公式：

$$\overline{T}_{sw} = \overline{T}_{a修} + \Delta b \tag{1.83}$$

$$\overline{T}_{a修} = 1/12 \sum_{i=1}^{12} T_{ai} \tag{1.84}$$

式中：$\overline{T}_{a修}$——修正年平均气温（℃）；

　　　T_{ai}——第 i 月的平均气温，当月平均小于 0℃ 时，T_{ai} 取 0℃。

5. 库表水温线性回归模型

因为气温是对水温最大的影响因子，为了减少气象站至水文站的距离所导致的气温误差，各个代表年各个站的气温根据相邻两个气象站至水文站的距离进行插值得到，其插值公式如下：

$$T_a = \frac{d_2 \times T_{a1} + d_1 \times T_{a2}}{d_1 + d_2}$$ (1.85)

式中：T_a——水文站气温插值（℃）；

d_1——气象站 1 离水文站的距离（m）；

d_2——气象站 2 离水文站的距离（m）；

T_{a1}——气象站 1 的实测气温（℃）；

T_{a2}——气象站 2 的实测气温（℃）。

以建库前天然河道 3 个代表年各月平均气温和水温分别建立线性回归模型。一元线性回归模型表达式如下：

$$\overline{T_{sw}} = A \cdot T_a + B$$ (1.86)

式中：$\overline{T_{sw}}$——水温；

T_a——气温；

A、B——待定系数。

6. 库表水温神经网络模型

人工神经网络（Artificial Neural Network，ANN）是人类在对其大脑神经网络认识理解的基础上构造的能够实现某种功能的一种计算系统，是理论化的人脑神经网络的数学模型。随着人工神经网络技术的发展，其用途日益广泛，应用领域也在不断拓展。神经网络系统是由大量简单元件（神经元）广泛相连接而成的网络系统，反映了人脑功能的若干基本功能特性。神经网络属高度非线性动力学系统，直至 1982 年，美国加州工学院物理学家 John Hopfield 提出了 Hopfield 神经网格模型，引入了"能量函数"的概念，给出了网络稳定性的判据，并成功地解决了著名的"旅行商问题"，成为神经网络走向成熟的里程碑。1986 年，D. E. Rumelhart 和 J. L. McClelland 提出多层网络学习的误差反传播算法，为多层感知器找到了一个有效的学习算法，从而把人工神经网络的研究进一步推向深入。John Hopfield 提出的人工神经网络模型是由下列非线性微分方程描写的：

$$C_i \frac{\mathrm{d}u_i}{\mathrm{d}t} = \sum_{j=1}^{N} T_{ij} f(u_j) - \frac{1}{R_i} u_i + I_i \quad (i = 1, 2 \cdots N)$$ (1.87)

式中：u_i——第 i 个神经元的膜电位；

C_i——第 i 个神经元的输入电容；

R_i——第 i 个神经元的输入电阻；

I_i——第 i 个神经元的输入电流；

T_{ij}——第 j 个神经元对第 i 个神经元的联系强度；

$f(u)$——u 的非线性函数

1.6.2.2 水库坝前库底水温经验预测方法

1. 库底水温与纬度回归模型

指数函数计算库底水温方法：库底水温与纬度有关，可通过已建水库的库底水温与纬度的线性关系求得库底年平均水温。库底年平均水温沿纬度的分布参见图 1.16，库底各月平均水温与库底年平均水温差异较小，也可由图 1.16 查得。对于分层型水库各月库底水温与其年平均值差别很小，可用年平均值代替；对于过渡型和混合型水库，各月库底水温可用公式（1.88）计算，该式适用于 23°~44°N 地区。

$$T_{dw} = T_b - KN \tag{1.88}$$

式中：N——大坝所在纬度；

T_b、K——参数，可通过查表 1.1 获得。

表 1.1 库底水温计算公式中的 T_b、K 值表

月份	1—3	4—5			6—8			9		
水深		20	40	60	20	40	60	20	40	60
T_b	24.0	30.4	25.6	23.6	35.4	29.9	22.9	37.3	30.0	23.6
K	0.49	0.48	0.48	0.47	0.42	0.43	0.44	0.44	0.43	0.44

月份	10			11			12
水深	20	40	60	20	40	60	
T_b	33.1	28.0	23.6	37.4	30.9	24.1	31.5
K	0.45	0.43	0.44	0.61	0.52	0.44	0.64

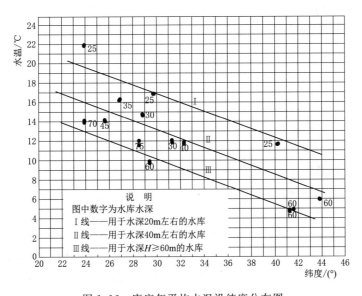

图 1.16 库底年平均水温沿纬度分布图

该方法仅适用于库容系数（调节库容/年径流量）＞1 的水库，对于库容系数≤1 的水库，计算误差较大。

2. 朱伯芳公式

大量的实测资料表明，在一般地区，库底年平均水温与最低 3 个月的平均气温相近，故可按下式估算：

$$T_d \approx (T_{a12} + T_{a1} + T_{a2})/3 \tag{1.89}$$

式中：T_{a12}、T_{a1}、T_{a2}——12月、1月、2月的平均气温，其误差为0～3℃。

由于水在4℃时密度最大，在寒冷地区，库底水温一般维持在4～6℃。在西伯利亚那样的特殊寒冷地区，水库表面结冰时间往往长达半年以上，库底水温只有2～4℃。

根据实测资料，在我国，对于深度在50m以上的水库，库底年平均水温可参照表1.2采用。

表1.2 我国库底年平均水温参照表

气候条件	严寒 （东北）	寒冷 （华北、西北）	一般 （华东、华中、西南）	炎热 （华南）
T_d/℃	4～6	6～7	7～10	10～12

在多泥沙河流上，如在水库中有可能形成直达坝前的异重流，夏季入库的高温浑水，沿库底流至坝前，赶走了库底的低温水（因浑水的容重大于低温清水的容重），库底年平均水温将显著提高，初步计算中可取 $T_d = 11～13$℃。

1.6.2.3 水库年平均水温经验预测方法

1. 统计法

统计法用于计算水库的年平均水温，是在二十余座水库的实测水温及相应气温等资料的基础上，利用最小二乘法等数理统计分析方法对余弦函数法［式（1.100）～式（1.104）］中的年平均水温和各项参数提出的算法。在各项参数中考虑了水库规模、水库运行方式等因素，统计法计算坝前库底年平均水温的计算公式如下：

$$T_w(y) = c e^{-ay} \tag{1.90}$$

$$A(y) = A_0 e^{-\beta y} \tag{1.91}$$

$$\varepsilon = d - fy \tag{1.92}$$

$$c = 7.77 + 0.75 T_a \tag{1.93}$$

式中：$T_w(y)$——任意深度 y 的年平均水温（℃）；

$A(y)$——任意深度 y 的水温变幅（℃）；

ε——水温相位差；

T_a——气温（℃）。

对于库大水深的多年调节水库取 $\alpha = 0.015$，且当水深大于50～60m时式中的 y 取50～60m；对于库大水深的非多年调节水库取 $\alpha = 0.01$，库小水浅的水库取 $\alpha = 0.005$。

$$T_a < 10, B^* = T_{a7}/2 + \Delta b \tag{1.94}$$

$$T_a \geqslant 10, B^* = B \tag{1.95}$$

$$A_0 = 0.778 B^* + 2.934 \tag{1.96}$$

式中：T_{a7}——7月月平均气温（℃）；

B——气温年变幅（℃）。

β 对于库大水深的多年调节水库取0.055，对于库大水深的非多年调节水库取0.025，对于库小水浅的水库取0.012。d、f 对于库大水深的多年调节水库取0.53、0.059，对于库大水深的非多年调节水库取0.53、0.03，对于库小水浅的水库取0.53、0.008。根据统计法确定年均库底水温 $T_w(y)$，可将 $T_w(y)$ 和 A_0 代入余弦函数公式中预测垂向水温。

2. AIC 统计方法

使用 AIC 统计量的原因是其均方误差低，但是包含的变量较多。通过主要影响要素识别，可知气温和入流流量是重要的影响因子。选择气温和入流流量进行一次逐步回归计算，对 AIC 进行优化，线性回归模型如下：

$$T_w = a_0 + a_1 T_a + a_2 Q \tag{1.97}$$

式中：T_w——水库日或月平均水温（℃）；

T_a——日或月平均气温（℃）；

Q——日或月平均入流流量（m^3/s）。

1.6.2.4　水库坝前水温垂向分布经验预测方法

1. 指数函数法

该方法是东北勘测设计院张大发在总结国内实测水温资料的基础上，于 1982 年提出。只要给定库底水温和库表水温就可以计算各月垂向水温分布，库底水温可由纬度水温 [式 (1.88)] 进行估算，库表水温根据水温气象相关进行推算，其计算公式为

$$T_y = (T_0 - T_b) e^{(-y/x)^n} + T_b \tag{1.98}$$

$$n = \frac{15}{m^2} + \frac{m^2}{35}, x = \frac{40}{m} + \frac{m^2}{2.37(1+0.1m)} \tag{1.99}$$

式中：T_y——水深 y 处的月平均水温（℃）；

T_0——月平均库表水温（℃）；

T_b——月平均库底水温（℃）；

m——月份，取 1—12 月。

2. 余弦函数法

该方法以国内外 15 座水库实测水温资料为基础，总结归纳出水库水温的周期性变化规律，并通过余弦函数进行模拟。

$$T_w(y,t) = T_w(y) + A(y)\cos[\omega(t-t_0-\varepsilon)] \tag{1.100}$$

$$T_w(y) = c + (b-c) e^{-ay} \tag{1.101}$$

$$A(y) = A_0 e^{-\beta y} \tag{1.102}$$

$$\varepsilon = d - f e^{-\gamma y} \tag{1.103}$$

$$c = \frac{(T_d - b e^{-0.04H})}{(1 - e^{-0.04H})} \tag{1.104}$$

式中：$T_w(y,t)$——任一深度 y 在 t 月的温度（℃）；

$T_w(y)$——任一深度 y 的年平均水温（℃）；

$A(y)$——任意深度 y 的水温年变幅（℃）；

ε——水文与气温变化的相位差（月）；

T_d——库底水温（℃）；

b——库表水温（℃）；

H——水库深度（m）；

t——时间（月）；

t_0——初始时间（月）；

y——水深（m）；

ω——温度变化圆频率，$\omega=2\pi/P$，P 为温度变化的周期（12 个月）。

水库水温在水平方向变化不大，但垂向上变化比较剧烈。因此，水库的水温预测需要推求不同水深处水温随季节的变化。根据水库监测资料拟合水库月水温过程的统计模型，以描述水库水温的时空分布规律。

3. 余弦函数与统计法联合公式

将余弦函数和统计法联合运用，气温和水库某深度处的水温是以年为单位呈周期性变化，水库温度 T_w 随时间的变化过程可近似用余弦函数表示：

$$T_w=a+b\cos[\omega(\tau-c)] \tag{1.105}$$

式中：T_w——水深 y 处 τ_i 时的水温（℃）；

ω——取值为 $\pi/6$（1/月）；

τ——月平均水温对应的时间（月），约定月平均温度对应的时间为月中，即 $\tau_i=i-0.5$，$i=1$，$2\cdots12$；

a、b、c——待定参数，a 为年平均水温（℃），b 为水温年变幅（℃），c 为水温年内变化的相位（月）。

a、b、c 受多种因素影响，随水深的参数分布计算公式如下：

$$a=C_1e^{d_1y} \tag{1.106}$$
$$b=C_2e^{d_2y} \tag{1.107}$$
$$c=C_a+C_3+d_3y \tag{1.108}$$

式中：y——水深（m）；

C_a——气温变化的相位，一般取 $C_a=6.6$（月）；

C_1、C_2、C_3、d_1、d_2、d_3——待定参数，可根据最小二乘法原理求解参数。

4. 李怀恩法

李怀恩等在运用指数函数型推导垂向水温分布公式时，发现许多情况下，该方法模拟效果欠佳，于是提出了一个幂函数型的公式，经资料验证取得较好的效果。该公式能更好地反映水温分层变化的规律，其形式为

$$T_{wz}=T_{wc}+A\left|h_c-Z\right|^{\frac{1}{B}}\mathrm{sgn}(h_c-Z) \tag{1.109}$$

$$\mathrm{sgn}(h_c-Z)=\begin{cases}1 & (h_c>Z)\\0 & (h_c=Z)\\-1 & (h_c<Z)\end{cases} \tag{1.110}$$

式中：T_{wz}——水面下深度 Z(m) 处的水温（℃）；

T_{wc}——温跃层中心点的温度（℃）；

h_c——温跃层中心点的水深（m）；

A、B——经验参数，反映水温分层的强弱。

第2章

水库水温结构类型分析

2.1 水库水温分布特征

2.1.1 水库水温变化特征

水库蓄水以后，不仅可以调节天然河流径流量的变化，而且还对库内的热量起到调节作用。由于每一水库所处地理位置不同，所接受的太阳辐射也就有一定的区别，同时由于各水库的规模、水深等情况的差异，可能造成水体热传导、对流交换热等时间、空间的不同变化特性。这样，水库温度变化既有共同遵循的原理和规律，又有各自独特的热力学特性。

水库水体的热量主要来源于太阳辐射、大气辐射以及由于降雨、入流等所带来的热量；另一方面通过反射辐射、对流交换、水体增温、蒸发和出流等吸收或消耗一部分热量。

库内水体吸收的热量与水库所处地理位置、水库特性、水文、气象条件等因素都有关系，如水库所处地理纬度、水库水深、盛行风级和风向、气温、云量、入流量、出流量、降雨量和入流水量与库容比等。此外还与水体的透明度有关，而水库水体的透明度又随气候条件、降雨特性、入流、出流、水深和浮游生物的种类、组成及其数量的变化而改变。

受以年为周期的水文、入流水温、气象规律性变化的影响，调节性能较强（季调节以上）的深水库在沿水深方向上会呈现出有规律的水温分层，并且水温分层情况在一年内周期性地循环变化着。冬季，由于气温较低，水库水体表面温度也较低，水体内部的对流掺混较好，这一时期水体温度基本上是呈等温状态分布的；春季，由于气温逐渐升高，太阳辐射和大气辐射对水体表面的加热量亦逐渐增加，再加上水体表面对太阳辐射能的吸收、穿透作用，故使库面水体逐渐变暖；同时，在这个时期内上游梯级水库的下泄水温比下游水库原有水体的温度高、密度较低，这样，它们从库表面流入水库，并与靠近水体表面的涡流进行对流掺混，在以上诸因素的综合作用下，库面温水层向平面方向扩展，随着时间的推移也向垂直的方向延伸，使温水层的厚度加大，而且在温水表层内进行着均匀的掺混作用，最后形成表面等温水层，即水体表面的温水层（表温层）。在表温层下，由于水体对太阳辐射的吸收、穿透和水体内部的对流热交换、热传导作用，使水库水体温度随水深加大而发生了水体表面受热多、放热少、水温升高较快的现象。这样一来，在水体内就形成冷却和加热的交替过程，加上风的掺混作用，使得表面温水层与深水层出现明显温差，出现明显的季节性变化激烈的水温突变层，即为温跃层。在温跃层之下为深水等温层，这一层水体由于受外界条件的影响较小，故水体温度的变化较为缓慢，但由于水体储热累积效应的影响，深水层的水温较冬季有所提高。夏季随着气温的持续上升，水体表面温度也随着升高，上述的水体温度的分层现象加剧，从而使整个水体处于温度的高度分层状态，在此时期内，表温层与深水层水温相差较大，有时表层水温可超出底部水温20℃。从夏季到秋季，水体表面温度又随着气温的逐渐下降而冷却，水体开始了降温的变化过程：表面冷却了的水逐渐下沉，并与下层温水进行对流掺混，直到整个影响区中水的密度均匀为止，此时库表又形成新的等温层，该层的厚度随时间的推移而变化，入库水流流向与其本身密度相同的水层位置取决于入库水流和库水之间的相互掺混情况。在秋季和冬季，水库不断地进行着水体上下对流换热，直至再一次形成全库等温状态。

2.1.2　水库水温结构类型及特征

水库水温分层的变化取决于各水库当地的气候条件、入流水温、水库的运行管理方式、取水口的位置和形式、进出水量等各方面的情况。水库水温按其垂向温度结构形式，大致分成三种类型：混合型、分层型、过渡型。

（1）混合型（又称等温型）：年内任何时间库内水温分布比较均匀，水温梯度很小，库底水温随水库表面水温而变，库底层水温的年差可达15～24℃，水体与库底之间有明显的热量交换。水深较浅、调节能力低的水库多属于这一类型。

（2）分层型：在水库水温的升温期，库表面的水温明显高于中下层水温而出现温度分层，水温梯度大。分层型水温结构沿水深可分为表温层、温跃层、恒温层三层。表温层的水体与空气直接进行热交换，吸收热能多，水温高，因受风浪剪切、垂直环流、垂向对流等的影响，层内水温相互掺混，全层水温基本上均匀，又称为表面混合层。温跃层内水温梯度大，其温度梯度可达1.5℃/m以上，全层从上到下水温变化剧烈。恒温层在水库下部直到库底，层内水温基本上变化较小，全层温度梯度很小，或接近均匀。水深大于40m、调节能力大的水库易出现分层现象。

（3）过渡型：过渡型水库水温结构兼有混合型、分层型的水温分布特征。

同时，水库水温受太阳辐射的日变化、风、对流和涡流等的影响，也呈现出其日变化的规律来。水库水温的日变化可分为四种类型。

（1）A型：夜间的水温分层状态到白天继续存在，表层最高水温发生在白天，最低水温发生在拂晓或夜间；从水温日变化的垂直分布来看，温跃层位置多出现最大值。气象特点是日照射量较少、气温较低、风力较弱。

（2）B型：从拂晓开始表温层逐渐变薄，在温跃层中水温变化激烈，在夜间表层出现最高水温，在白天出现最低水温。从水温的日变幅来看，表层日变幅较大，可达9℃左右，有时甚至达10℃以上。这种水温日变化情况是在白天具有较强的山谷风的条件下出现的。

（3）C型：白天表层水温逐渐增高，表温层进行新的掺混，表面温水层的范围在发展，表层最高水温大多在白天形成，最低水温大多在拂晓和夜间形成；从水温日变幅的垂直分布来看，表层变幅最大，夜间表层水温仍较高。白天的气象特点是风弱、日照射量多、气温较高。

（4）D 型：白天表层水温一直上升，而且在表温层和温跃层界面之间附近水温的日变幅较大。气象特点是日照射量多、气温较高，同时白天山谷风较强。

2.2　水库水温结构类型经验判别

2.2.1　判别方法

库内水温是否因滞留而分层，我国现行的水库环境影响评价中普遍采用库水交换次数法与密度弗劳德数法这两种经验方法来判断。还有其他不常用的方法，如叶守泽、陈小红等提出水温分层模型判别预测方法，蔡为武考虑到水库调节性能、年内泄水状况、泄水孔口相对位置而提出的水库水温分层判别方法。

2.2.1.1　库水交换次数法

库水交换次数法为《水利水电工程水文计算规范》（SL 278—2020）中推荐的方法。其判别指标为

$$\alpha = \frac{w}{v} \tag{2.1}$$

式中：w——多年平均入库径流量（m^3）；

　　　v——水库总库容（m^3）；

　　　α——判别指标。

当 $\alpha \leqslant 10$ 时，为水温稳定分层型；$\alpha \geqslant 20$ 时，为混合型；$10 < \alpha < 20$ 时，为过渡型。

2.2.1.2　密度弗劳德数法

密度弗劳德数法是 1968 年美国 Norton 等提出用密度弗劳德数作为标准，来判断水库分层特性的方法，密度弗劳德数法是惯性力与密度差引起的浮力的比值，即

$$Fr = \frac{u}{\left(\frac{\Delta\rho}{\rho_0}gH\right)^{1/2}} \tag{2.2}$$

式中：Fr——密度弗劳德数；

　　　u——断面平均流速（m/s）；

　　　H——平均水深（m）；

　　　$\Delta\rho$——水深 H 上的最大密度差（kg/m^3）；

　　　ρ_0——参考密度（kg/m^3）；

　　　g——重力加速度（m/s^2）。

因为资料限制采用公式的另外一种形式，具体如下：

$$Fr = 320 \times \frac{LQ}{HV} \tag{2.3}$$

式中：L——水库长度（m）；

　　　Q——入流量（m^3/s）；

　　　H——平均水深（m）；

V——蓄水体的体积（m³）。

当 $Fr<0.1$，水库为分层型；$0.1\leqslant Fr\leqslant1/\pi$，水库为过渡型；$Fr>1/\pi$，水库为混合型。

2.2.1.3　其他方法

叶守泽、陈小红等提出水库水温分层模型判别预测方法，是将水库水温结构的三种类型当作三个模型，每一种模型都包含有一些水温分层特性相同或相近的水库，从而可将分属于各模型的水库水温分层特性看成一个模型样本集。这样，只要分别从每一模型中恰当地选取各水库水温分布特性的诸影响因素作为样本元素，由此组成样本集，通过一定的方法对分属于不同模型的性质不同的模型样本进行信息提炼和整理，找出不同模型的各自规律，在样本充分的前提下，就可将这一规律作为水库水温分层类型的总体规律。

蔡为武认为水库水温分层类型与水库调节性能、年内泄水状况、泄水孔口相对位置有关系。水库按调节性能可分为径流式调节、季调节、年调节三大类，径流式调节水库不能调节洪水，季调节水库能调蓄洪水，年调节水库能将洪水贮存到枯水季节，多年调节水库能将丰水年水量贮存到枯水年，并且很少泄洪。泄水孔口可分为表层、上中层和底层三种。表层泄水对深层水体扰动小；上中层常年泄水孔会使上游大范围内水温分层有所不同，底层常年泄水孔则产生混合型水温分布。

当前国内外对混合与过渡型水库的判断标准还没有统一，根据实际情况，本书采用库水交换次数法和密度弗劳德数法对各方案各梯级水库分层类型进行判别。

2.2.2　水库水温类型判别实例

2.2.2.1　雅砻江下游水库

锦屏一级水电站位于四川省凉山彝族自治州盐源县和木里县境内，盐源县洼里乡下游10～15km 的河段上，是雅砻江干流上的重要梯级电站，也是卡拉至江口段的龙头梯级电站。锦屏一级水电站无灌溉、供水、通航要求，主要开发任务是发电。

锦屏一级水电站多年平均流量为 1220m³/s，坝址区多年平均气温为 17.2℃，多年平均水温为 12.2℃。电站正常蓄水位 1880.00m，总库容 77.6 亿 m³，调节库容 49.1 亿 m³，库容系数为 12.8%，为年调节水库。电站总装机容量 3600MW，装机年利用小时数4616h，年发电量 166.20 亿 kW·h。根据库水交换次数法计算得到 $\alpha=7.85$，因此可判断锦屏一级水库为水温稳定分层型水库。

二滩水库为雅砻江下游已建水库，水库坝址处的多年平均径流量为 527 亿 m³，水库的正常蓄水位为 1200.00m，相应库容 58 亿 m³，具有季调节能力，根据库水交换次数法计算得到 $\alpha=9.1$，因此可判断二滩水库为水温稳定分层型水库。

成都院编写的《雅砻江二滩水电站竣工验收环境保护调查报告》中指出：二滩水库建成蓄水后，4—11 月水库水温将出现分层，12 月至翌年 3 月处于同温状态，库表水温较天然河道高，库底水温冬季较天然河道高、夏季较天然河道低。库区水温分布结构由原天然河道下的完全混合型转变为分层型，雅砻江干流库区与鳡鱼河支库一年四季均呈现明显分层，斜温层分布深度随季节不同有所变化；鳡鱼河支库库表水温与主库差别较大，冬、春、夏季的库表水温明显高于主库，库底水温分布与主库区基本相同。

2.2.2.2 雅砻江中游两河口水库

利用库水交换次数法对两河口规划方案中的水温分层类型进行判别。计算得到的两河口水库的 α 值和分层类型见表 2.1。根据计算结果，对两河口水库分层类型进行判别，是水温分层明显的水库。

表 2.1 库水交换次数法水库水温分层判断表

水库名称	多年平均入库流量 /(m³/s)	总库容 /亿 m³	α	分层类型
两河口	664	95.97	2.2	分层

为了合理地确定水库水温结构类型，还采用了密度弗劳德数法作为标准对两河口水库分层类型进行判别，得出了两河口水库判别水温的分层类型。计算得到的两河口水库的弗劳德数 Fr 值和分层类型见表 2.2。密度弗劳德数法分层类型判别结果是：两河口水库为水温分层型水库。

表 2.2 密度弗劳德数法水库水温分层判断表

水库名称	多年平均入库流量 /(m³/s)	总库容 /亿 m³	水库长度 L/km	平均水深 H/m	弗劳德数 Fr	分层类型
两河口	664	95.97	110.4	258	0.009	分层

通过对库水交换次数法与密度弗劳德数法计算结果的比较，两河口水库采用两种方法的计算结果一致，均为分层型。

2.3 水温的主要气象影响因素分析

本书针对金沙江上游、雅砻江中游、雅砻江下游开展了表层水温主要气象影响因素分析，其中气象因素考虑了气温、云层覆盖度、风速、相对湿度、降雨等要素，并分析了它们与水温的变化趋势和相关关系，以识别出主要的影响因子和水温演变规律。本节以二滩、两河口、锦屏一级水库的分析成果为例，介绍主要气象影响因素分析过程和结论。

2.3.1 二滩水库

从二滩水库表层水温与气温、气压、相对湿度、降水量、风速、日照时数等要素的变化趋势图（图 2.1～图 2.6）可知，二滩表层水温的变化过程趋势和气温的变化趋势较一致，与气压、相对湿度、降水量、风速、日照时数的相关性较低。

为了进一步说明水温的主要影响因子，建立了各气象因子和水温的线性回归关系，各气象因子和水温的线性回归关系见图 2.7～图 2.12。

从图 2.7～图 2.12 中可看出，气温和水温的相关关系最好，相关系数达到 0.8229，其余的相关关系都在 0.8 以下，这与图 2.1～图 2.5 中各气象因子和水温的变化趋势是相符合的。因此，通过回归分析可识别出对二滩水库水温影响明显的主要气象因子为气温。

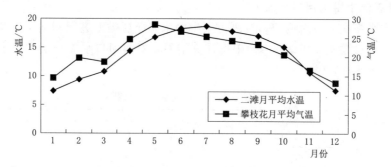

图 2.1　水温与气温逐月变化趋势图

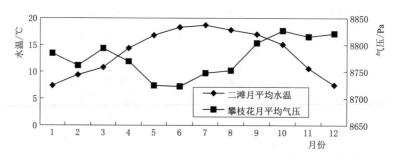

图 2.2　水温与气压逐月变化趋势图

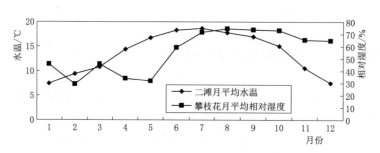

图 2.3　水温与相对湿度逐月变化趋势图

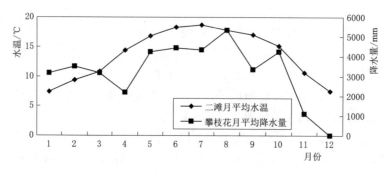

图 2.4　水温与降水量逐月变化趋势图

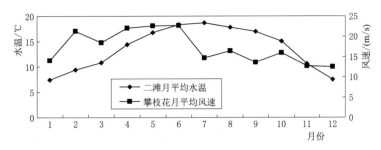

图 2.5 水温与风速逐月变化趋势图

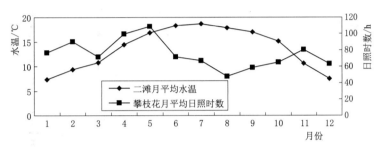

图 2.6 水温与日照时数逐月变化趋势图

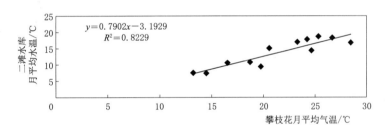

图 2.7 水温与气温的变化关系图

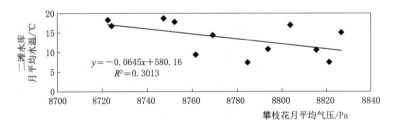

图 2.8 水温与气压的变化关系图

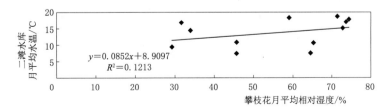

图 2.9 水温与相对湿度的变化关系图

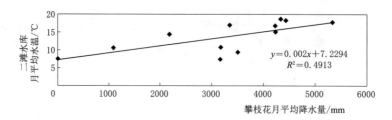

图 2.10　水温与降水量的变化关系图

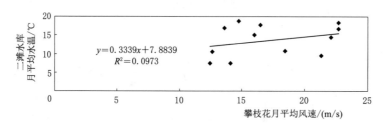

图 2.11　水温与风速的变化关系图

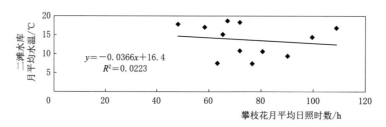

图 2.12　水温与日照时数的变化关系图

2.3.2　两河口水库

从两河口水库表层水温与气温、相对湿度、风速、降水量、日照时数等要素的变化趋势图（图 2.13～图 2.17）可知，两河口水库表层水温的变化过程趋势与气温及降水量的变化趋势较一致，与气压、相对湿度、风速、日照时数的相关性较低。水温与气温的变化趋势最一致，尽管水温与降水量的变化趋势较吻合，但降水量过程线没有水温过程线那样平滑。

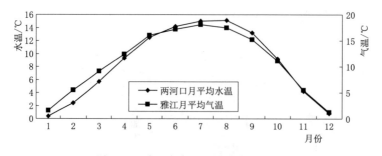

图 2.13　水温与气温逐月变化过程图

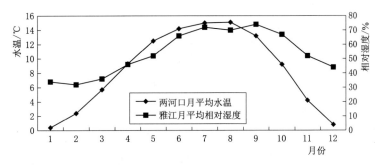

图 2.14　水温与相对湿度逐月变化过程图

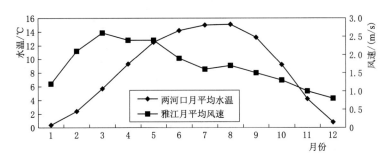

图 2.15　水温与风速逐月变化过程图

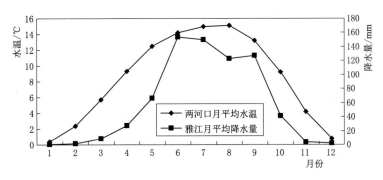

图 2.16　水温与降水量逐月变化过程图

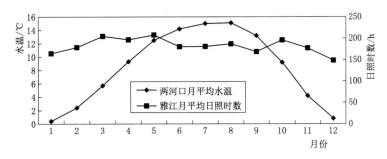

图 2.17　水温与日照时数逐月变化过程图

为了进一步说明水温的主要影响因子，建立了两河口水库各气象因子和水温的线性回归关系，各气象因子和水温的线性回归关系见图 2.18～图 2.22。

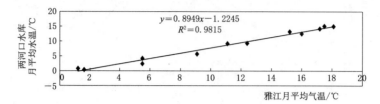

图 2.18 水温与气温的变化关系图

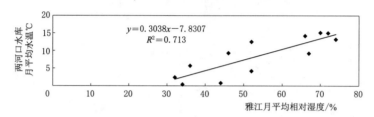

图 2.19 水温与相对湿度的变化关系图

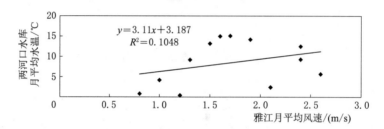

图 2.20 水温与风速的变化关系图

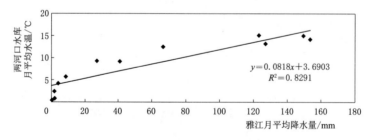

图 2.21 水温与降水的变化关系图

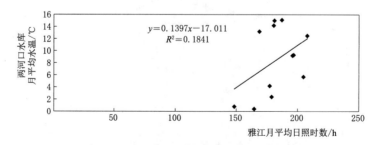

图 2.22 水温与日照时数的变化关系图

从图 2.18~图 2.22 中可以看出，气温和水温的相关相关系最好，相关系数达到 0.9815，其次为降水量，相关系数也达到了 0.8291，其余的相关系数都在 0.8 以下，这与图 2.13~图 2.17 中各气象因子和水温的变化趋势是相符合的。因此，通过回归分析可识别出对水温影响明显的主要气象因子为气温和降水量。

2.3.3　锦屏一级水库

从锦屏一级水库水温与气温、大气辐射、云量、相对湿度、风速等要素的变化趋势图（图 2.23~图 2.27）可知，锦屏一级水库表层水温的变化过程趋势和气温及云量的变化趋势较一致，与气压、相对湿度、风速、日照时数的相关性较低。

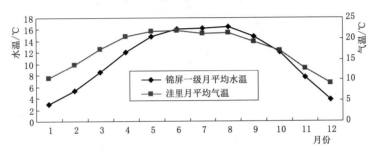

图 2.23　水温与气温逐月变化过程图

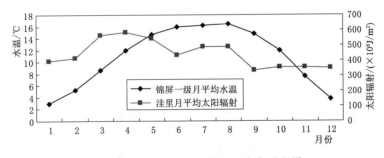

图 2.24　水温与大气辐射逐月变化过程图

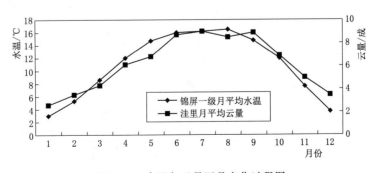

图 2.25　水温与云量逐月变化过程图

为了进一步说明水温的主要影响因子，建立了各气象因子和水温的线性回归关系，各气象因子和水温的线性回归关系见图 2.28~图 2.32。

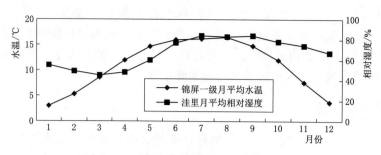

图 2.26　水温与相对湿度逐月变化过程图

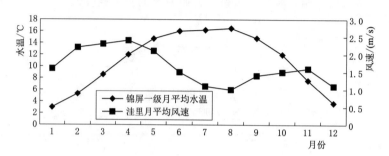

图 2.27　水温与风速逐月变化过程图

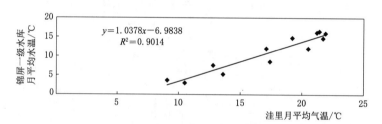

图 2.28　气温与水温的变化关系图

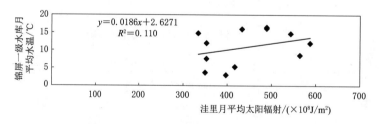

图 2.29　太阳辐射与水温的变化关系图

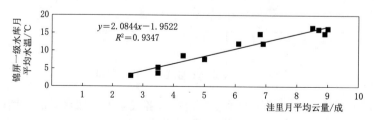

图 2.30　云量与水温的变化关系图

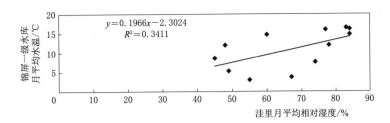

图 2.31 相对湿度与水温的变化关系图

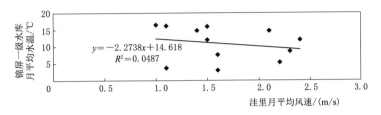

图 2.32 风速与水温的变化关系图

从图 2.28～图 2.32 中可以看出，对于锦屏一级水库，云量、气温和水温的相关相关系最好，相关系数分别达到 0.9347 和 0.9014，其余的相关系数都在 0.8 以下，这与图 2.23～图 2.27 中各气象因子和水温的变化趋势是相符合的。因此，通过回归分析可识别出对水温影响明显的主要气象因子为云量和气温。

2.4 小结

不同类型水库水温的分布规律有明显差别，采用简单经验方法预测水温应该有针对性，或者能够构造适应不同分层类型水库的水温预测方法。水库水温类型的判别是基础性工作，本章介绍了水库水温类型的判别结果。

大型水库分层类型的相关预测方法构造是本书研究的重点，因此进行了主要影响因子的识别工作，获得了影响大型分层水库水温的主要气象因子，为后续的分层型水库水温预测方法研究奠定基础。特别是水温经验预测方法主要是通过主要影响因子识别和相关关系研究建立预测方法，是建立水温经验预测方法的依据。

第3章

水温分层型水库调查及分析

3.1　调查概述

　　蓄水体与周围介质（大气、库土壤、入流、出流等）间发生的各种热量交换，即进入水体的各种热量和水体的各种热量损失，是决定水体蓄热量大小的因素。进入水体的热量主要有：入流所带热量、太阳辐射热、大气辐射热等。水体的热量损失有：出流带走的热量、水体发出的长波辐射、水面对太阳辐射和大气辐射的反射、水面蒸发引起的热损失等。此外，还有一些因素的作用包括正反两面，根据具体条件而定，如水体-大气间的热传导和水-土间的热变换传输热量的方向是可以变化的。

　　影响热量（温度）在水体内分布情况的因素很多，主要有以下几方面：

　　（1）水体的流动性，考虑到重力作用产生的流动、大气压力分布变化引起的流动、风力流动、密度流动、波漾流动、伴随漂移流动产生的波浪流动、热浪漾流动、沿岸流动。

　　（2）热量的传导与扩散。

　　（3）太阳辐射在水体中的透射。

　　（4）入流含沙量。

　　（5）水库的几何形态（库长、宽、深）、取水口的布置及水库调度运用等。

3.1.1　调查目的

　　为了寻求分层型水库垂向水温分布的特征，在全国范围内对不同地区一些比较典型的水库进行调研，收集水温资料，分析这些水库水温分层结构类型，以便于分析水温预测经验公式的适用性。

3.1.2　拟调查水库基本情况

　　水库水温的变化规律与一些气象要素和水库参数有关，如气温、气压、辐射、露点温度、所在河流、建设地点、建成年份、纬度、装机容量、库容、多年平均入库径流量、调节性能、取水口位置、高程、水库结构、水面面积等都是影响水温的重要参数。由水库的基本参数可以推求水库水温的分布结构类型（分层型、混合型和过渡型），以便在计算水温及分布时，针对不同的水温分布结构类型采用不同的模型进行水温变化过程的计算。在推求和验证新的水温回归模型或解析解新算法时，需要水库实测水温资料证明公式的可行性，并对公式中一些参数进行灵敏度分析，以便推荐能更好反映实际水温规律的新算法。

根据国内已建成运行并且开展了水温监测的大中型水库，初步选择以下18座水库进行调查，水库调查的信息包括：所在河流、建设地点、纬度、装机容量、库容、多年平均入库径流量、调节性能、建成/发电年份等，具体见表3.1。

表3.1　　　　　　　　　　　　　　调查水库基本情况

序号	电站名称	所在河流	建设地点	纬度（北纬）/（°）	装机容量/MW	库容/亿m³	多年平均入库径流量/亿m³	调节性能	建成/发电年份
1	丹江口	汉江	河南省淅川县和湖北省丹江口市毗邻处	33.14	900	209.8	378	完全年调节	1973
2	隔河岩	清江	湖北省长阳县	30.4	1511	34	127		1994
3	漫湾	澜沧江	云南省西部云县和景东县交界处的漫湾河口	25.6	1550	9.2	388	季调节	1995
4	黄冈	九龙江	福建省龙岩市红坊乡	25.13	0.75	0.25	0.52	多年调节	1981
5	宝珠寺	白龙江	四川省广元市境内	32.4	700	25.5	105	不完全年调节	1998
6	万家寨	黄河	万家寨	40.82	1080	8.96	249	季调节	2000
7	冯家山	渭河	支流千河下游峡谷出口处	34.53	4.5	4.13	4.73	不完全年调节	1974
8	刘家峡	黄河	甘肃省永靖县内	35.97	1225	57	263	年调节	1974
9	三峡	长江	湖北宜昌三斗坪镇附近	30.74	18200	393	4500	多年调节	2003
10	观音岩	金沙江	云南省丽江市华坪县（左岸）与四川省攀枝花市（右岸）	26.52	3000	21.75	592.88	周调节	2014
11	乌江渡	乌江	贵州省遵义市遵义县	27.32	630	23	158	多年调节	1982
12	亭子口	嘉陵江	四川省广元市苍溪县境内	31.82	800	42.48	261.37	年调节	2013
13	新安江	新安江	浙江建德	29.47	662.5	216.2	112	多年调节	1977
14	湖南镇	乌溪江	浙江衢县	28.69	170	20.6	26.1	年调节	1979
15	漳河	漳河	湖北省荆门市	31.07	2.45	20.35	8.91	多年调节	1966
16	花山	大花江	湖北省武穴市	30.05	2.5	1.725	0.536	年调节	1966
17	龙羊峡	黄河	龙羊峡	36.12	1280	247	205	多年调节	1987
18	二滩	雅砻江	四川省攀枝花市	26.82	3600	58	527	季调节	2000

3.1.3　资料收集

实测的水文、气象、水温资料是本书研究的基础工作。为了寻求不同地区不同类型水库水温分层的规律，以及验证各种水温模拟预测公式的适用性，需要搜集实测的水文、气象、水温资料。为了提高资料代表性，以搜集整年的资料为宜。水库水位、气象资料可自动监测，但是水库入流流速、流量、水温等实测资料耗时耗力，实测资料相对较少，要尽量注意收集这类实测资料。

3.1.3.1　气象资料

气象要素是计算水气热交换的关键要素。库表水温受气温的影响最大，与气温的变化较为一致。库表水温相对于气温来说有一定的滞后性，表现为气温在 7 月达到最高，而库表最高水温基本出现在 8 月；1 月气温最低而库表水温在 2 月达到最小值。同时，气温和库表水温的相关关系较好，相关系数较高，可以由气温通过两者的相关关系式得到库表水温。

3.1.3.2　坝前垂向水温

收集实测的坝前垂向水温资料是本书研究工作的重要基础性工作。采用简易公式对水库垂向水温进行预测时，需根据水温分层结构来选择水温公式。水库水温分层结构主要有 3 种类型：

（1）对于一些水深较大调节性能较强的水库，特别是稳定分层型水库，由于库底水温常年变幅很小，水温模型选择过程中可选库底水温为某一定值，结合表层水温和温跃层水温，曲线结构为"S"形，因此，需采用描述"S"形公式来预测坝前垂向水温。

（2）对于一些水深较浅、调节性能较弱的水库来说，水温分布结构为混合型，库底水温一般随着库表水温、气温的变化而变化，可建立库底水温与气温的相关关系。

（3）还有些水库水温结构是过渡型，介于混合型和分层型之间，水温为过渡型的计算模型与稳定分层型类似，但是库底水温计算要复杂一些，通过特定的组合经验公式或组合的解析解公式才能预测出坝前垂向水温。

这些模拟预测公式的选择均要建立在实测坝前垂向水温资料基础之上。实测的坝前垂向水温数据是反映水库水温分布规律的重要依据，根据实测的坝前垂向水温可分析出水库水温的分布结构与分布规律，是检验各类模拟预测公式适用性的基石。

3.1.3.3　下泄水温

因为分层型水库夏季低温水下泄会对农作物、水生物产生一些不利的影响。例如，水稻在 23℃ 时每降低 1℃，水稻的不穗率增加 20%，至 18℃ 时，不穗率为 100%。根据下泄水温资料，结合进水口取水带和流态计算，分析发电站下泄水温与进水口水深、取水带范围、发电流量及水库水温结构的关系，探索分层型水库下泄水温计算的简便方法。

3.1.3.4　下游沿程水温实测资料

下游河道沿程水温受水库下泄水温影响较大时，会对河流生态环境和农业产生不利影响。通过下游河道沿程水温的实测资料和上游水库下泄水温，结合收集到的同步气象观测资料、河流形态资料，以及天然河道水温等，可验证河道水温预测方法的可行性，对原有的经验公式进行修正，并推荐河道水温预测精度较高的简便算法。

3.2　水库类型及其水温分层特性

3.2.1　水库调节性能与水温分层结构类型

本次调查收集到的各水库调节性能见表 3.1，根据库水交换次数法计算水温分层结构类型的判别指标，上述各水库水温分层结构判别结果见表3.2。

表 3.2　　　　　　　　库水交换次数法判断水库水温分层结果表

序号	电站名称	分层判别指标 α	水温分层类型
1	丹江口	1.80	稳定分层
2	隔河岩	3.74	稳定分层
3	漫湾	42.17	混合型
4	黄冈	2.08	稳定分层
5	宝珠寺	4.12	稳定分层
6	万家寨	27.79	过渡型
7	冯家山	1.15	稳定分层
8	刘家峡	4.61	稳定分层
9	三峡	11.45	稳定分层
10	观音岩	27.26	过渡型
11	乌江渡	6.87	稳定分层
12	亭子口	6.15	稳定分层
13	新安江	0.52	稳定分层
14	湖南镇	1.27	稳定分层
15	漳河	0.44	稳定分层
16	花山	0.31	稳定分层
17	龙羊峡	0.83	稳定分层
18	二滩	9.09	稳定分层

从表3.2可知，除了漫湾水库水温分布为混合型，万家寨、观音岩两个水库为过渡型，其余水库均为稳定分层型水温结构。

3.2.2　典型水库水温分层特性

已收集到的丹江口、隔河岩、漫湾、黄冈、宝珠寺、万家寨、冯家山、刘家峡、二滩等水库具有水温分层结构，这些水库的水温实测资料是分析水库水温分层特性和判断分层结构类型的重要依据。

1. 丹江口水库

丹江口水库位于汉江中游，控制流域面积 95200km²，总库容 209.68 亿 m³，正常蓄水位 157.00m，相应库容 174.5 亿 m³。丹江口水库为完全年调节水库，水温结构为稳定分层型，此处收集了丹江口水库完整的坝前各月平均水温实测值（1970—1978 年平均值），见表3.3。

表 3.3　　　　　　　　　　　丹江口水库坝前各月平均水温实测值

| 水深/m | 水 温/℃ | | | | | | | | | | | |
	1月	2月	3月	4月	5月	6月	7月	8月	9月	10月	11月	12月
0.1	9.6	7.8	8.6	14.9	20.9	24.8	27.4	29.1	25.3	21.6	17.3	13.1
5	9.8	8	8.2	12.8	20.8	23.5	26.7	28.7	25.4	21.6	17.4	13.1
10	9.8	8	8	10.9	18.5	21.3	24.9	27.4	25.3	21.5	17.6	13.3
15	9.8	8	7.8	9.7	15.6	17.6	22.7	25	24.7	21.2	17.4	13.4
20	9.8	8	7.8	8.8	13.2	15.1	20.4	22.3	22.8	19.6	17.2	13.5
25	9.7	7.9	7.7	8.2	11.3	13.4	18.3	19.5	20.4	18.2	17.1	13.4
30	9.5	7.8	7.6	8.1	10.7	12.1	16.4	16.4	18.8	17.4	16.6	13.4
35	9.5	7.7	7.6	7.9	10.3	11.7	15.2	14.9	17.3	16.8	16.3	13.2
40	9.3	7.8	7.3	7.7	10.3	11	14.1	14.1	15.9	16.5	16	13
50	9.7	7.7	7.7	7.7	10.5	10.5	12.9	13.2	14.8	15.7	15.6	13.1

　　根据表 3.3 所做的水温垂向分布图，见图 3.1。

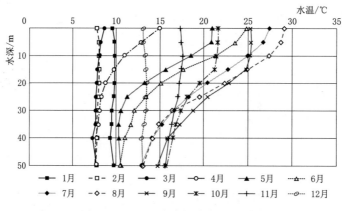

图 3.1　丹江口水库坝前水温实测值

　　从图 3.1 可以看出，丹江口水库水温冬春季没有明显的分层现象，夏季水温垂向呈"S"形分布，有稳定的分层规律。11 月至翌年 3 月气温较低，整个水库不同水深温度基本相同，库表、库底水温相差最多为 1.7℃，出现在 3 月；随着气温的升高，4 月不同深度水温开始出现变化，0～25m 处水温随着深度的增加而降低，25m 至库底水温基本相同；5 月，气温逐渐升高，水温出现不太明显的分层现象，0～5m 水温维持在 21℃，同气温温度持平，5～25m 处水温逐渐降低，25m 至库底处水温基本无变化，但整体温度比 4 月有所升高。

　　6—8 月随着气温的增高，太阳辐射进一步增强，水库不同水深的温度均有所升高，从库表至库底水温一直下降，但 30m 以下库底水温梯度变小；9—10 月气温有所下降，库表水温随之下降，且库表至 10m 处水温基本维持在相同温度，9 月为 25.3℃，10 月为 21.6℃；10m 至库底水温一直下降，10～30m 处水温梯度较大，30m 至库底水温梯度变小。

库底水温最高出现在 10 月，为 15.7℃，最低出现在 2—4 月，为 7.7℃，最大温差为 8℃。丹江口水库库底温差最大值小于等于 8℃，夏季水温垂向呈 "S" 形分布，属于水温稳定分层型水库。

2. 隔河岩水库

清江隔河岩水库位于湖北省长阳县城上游 9km 处，下距清江河口 62km，坝址以上流域面积 14430km²，是一座以发电为主，兼顾防洪、航运效益的大工程。水电站装机 120 万 kW，保证出力 18 万 kW，多年平均电量 30.4 亿 kW·h。收集到的隔河岩水库坝前垂向水温实测值见表 3.4 和图 3.2。

表 3.4   清江隔河岩水库坝前垂向水温实测值表

水深/m	水 温/℃			
	1998-07-28	1995-10-26	1996-04-24	1996-05-23
1	30.9	21.2	15.6	22
3	30.5	21.2	15.4	21.8
5	28.7	21.2	15.2	20.4
10	23.4	21	13.4	20
15	22.3	20.5	12.3	19.4
20	21.2	19.5	11.8	16.8
25	20.3	19	11.1	16.3
30	19.7	18.2	10.8	15.5
35	19	17.8	10.5	15
40	18.7	17.5	10.4	14.5
50	13	17	10	11
60	11.8	16.2	9.4	10.3
70	10.9	12.6	9	9.9
80	10.8		9	9.5
90	10.7			9.4
100				9.4

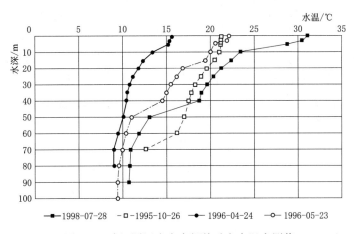

图 3.2   清江隔河岩水库坝前垂向水温实测值

隔河岩水库坝前水温资料较少，但根据已有资料仍可以分析出其水温变化规律，水温垂向分层结构显著。4 月气温较低，库表水温为 15.6℃，库表至 22m 处水温降低明显，从 15℃降低到 11.5℃，22m 至库底水温变化不明显，从 11℃降低至 9℃，水库上层有一定分层现象；5 月，随着气温的升高，水温分层现象显著，库表水温升到 22℃，库表至 18m 处水温下降较慢，18～20m 处有一个较小的温跃层，水温从 19℃降到 16.8℃，20～40m 水温继续缓慢下降，40～50m 处再次出现温跃层，水温从 14.5℃降到 11℃，50～80m 水温持续缓慢下降，80m 至库底水温基本不变。

7 月气温最高，太阳辐射较强，水库水温有明显的分层现象。库表水温升到 30.9℃，但表层水温下降较快，5～20m 处出现温跃层，水温从 30.9℃降到 23.4℃；21～40m 处水温下降速度减慢，从 23.4℃降到 18.7℃，40～50m 又出现温跃层，水温在 10m 内下降了 5.7℃，50m 至库底水温下降缓慢。

10 月气温有所回落，库表水温降至 22℃，库表至 5m 处水温基本不变，5～60m 水温逐步降低至 10.3℃，60m 至库底水温变化缓慢，库底水温仅有不到 1℃的温差。

由上述分析可知，隔河岩水库 5～20m 处、40～50m 处分别出现 2 个温跃层，50m 至库底水温基本不变。隔河岩水库为季调节水库，由于多年平均径流量相对总库容比值较小，仍然属于稳定分层型水库。

3. 漫湾水库

漫湾水电站是澜沧江中下游梯级开发方案中第一座建成的电站。电站最大坝高 132m，大坝高 99m，干流回水到小湾附近，回水长度约 70km。水库正常蓄水位 994m，水库面积 23.6km²，库容 $9.2 \times 10^8 m^3$，有效库容 $2.57 \times 10^8 m^3$，库容系数 0.0067，为不完全季调节水库。漫湾水库不同断面不同水深现场观测的三日（2004 年 2 月 17—19 日）平均水温情况见表 3.5 和图 3.3。

表 3.5　　　　　　　　　　漫湾水库坝前垂向水温实测值表

水深/m	水　温/℃					
	断面 1	断面 2	断面 3	断面 4	断面 5	断面 6
0.4	16	15.84	15.55	15.69	14.94	12.77
0.6	15.46	15.5				
1.4	15	14.81	15.05	15.11	14.81	12.73
3.4	14.59	14.45	14	13.9	13.34	12.54
5.3	13.63	13.2	12.61	12.55	12.97	12.06
6.5	13.09	12.66				
8.6		12.19	12.21	12.1	12.09	12.03
9.3	11.95	11.95				
11.5			11.8	11.54	11.8	11.93
12.2	11.7	11.72				
14.5			11.53	11.56	11.48	11.67	11.85
15.3	11.57					

水深/m	水　温/℃					
	断面 1	断面 2	断面 3	断面 4	断面 5	断面 6
17.3		11.39	11.44	11.38	11.61	11.82
18.2	11.38					
20.5		11.34	11.36	11.34	11.5	11.79
21.2	11.35					
24	11.32	11.27	11.33	11.25	11.47	11.79
26.5		11.24	11.29		11.4	11.79
27.1	11.29			11.18		
29.3		11.21	11.23	11.17	11.29	11.77
30.1	11.23					11.66
32.2		11.17	11.18	11.16	11.23	
33	11.17			11.16		
36	11.14	11.12	11.13			
39	11.12	11.1				
42	11.09	11.08	11.09			
45.16	11.08		11.08			

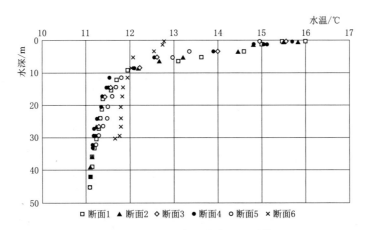

图 3.3　漫湾水库坝前水温实测值

　　漫湾水库实测数据较少，但根据已知的数据（表 3.5）仍可对其水温规律进行分析。断面 1～断面 5 水温分布规律基本相同，库表水温在 15℃ 左右；表层水温下降速度快，水温梯度达到 0.3℃/m，10m 深处水温为 12℃；10m 至库底水温下降较慢，只有 1℃ 左右的变幅，水温梯度为 0.03℃/m。断面 6 库表水温低，仅有 12.8℃，所以表层水温下降幅度也小，只有 0.8℃，10m 以下水温基本不变。因此，根据实测资料分析漫湾水库水温有明显的温跃层，应属于过渡型水库，但库水交换次数法判断为混合型水库，因此还需慎重，应该加强全年 12 个月水温观测以确认其水温分层结构。

4. 黄冈水库

黄冈水库坐落在福建省龙岩市红坊乡，坐标为东经 $116°57'$，北纬 $25°08'$。集水面积 $47km^2$，正常蓄水位 457.00m，相应水面积 173 万 m^2（2617 亩），相应水深 10～40m，出水涵管中心高程 429.00m，直径 1.8m，总库容 3200 万 m^3，有效库容 2500 万 m^3。其分层水温情况见表 3.6 和表 3.7、图 3.4～图 3.7。1985 年 10 月 23 日观测数据基本环境信息：水库水位 454.814m，气温 23.6℃；1986 年 1 月 16 日观测数据基本环境信息：水库水位 448.56m，气温 16.8℃；1986 年 4 月 19 日观测数据基本环境信息：水库水位 447.21m，气温 22.5℃；1986 年 7 月 14 日观测数据基本环境信息：水库水位 457.14m，气温 28.0℃。

表 3.6　　　黄冈水库 1985 年 10 月 23 日及 1986 年 1 月 16 日水温实测值

测点水深 /m	1985 年 10 月 23 日各测点观测数据/℃						1986 年 1 月 16 日各测点观测数据/℃					
	入口	2	3	4	5	出口	入口	2	3	4	5	出口
	水平距离/m						水平距离/m					
	9.5	10.2	18.1	22.5	28	31.5	2.6	4.2	11.8	12.2	19.9	23.3
表层	24.1	23.9	24.1	23.9	24	24	14.6	14.4	15	14.8	14.7	14.4
2	23.6	23.6	23.7	23.5	23.9	23.9	14	13.8	14.4	14.4	14.1	14.2
4	23.5	23.5	23.6	23.5	23.8	23.6			13.8	13.7	13.7	13.6
6	23.5	23.6	23.6	23.5	23.8	23.6			13.6	13.4	13.4	13.5
8	22	23.6	23.5	23.5	23.7	23.6			13.5	13.4	13.4	13.4
10		23.4	23.5	23.5	23.7	23.6			13.4	13.3	13.3	13.4
12		23.1	23.1	23.3	23.3					13.2	13.2	13.2
14			22.9	23	23.1	23.2				13.2	13.2	
16			22.8	22.8	23.1	23.1				13.2	13.2	
18			22.8	22.7	22.9	22.9				13.2	13.1	
20				22.7	22.8	22.9				13.2	13	
22				22.5	22.7	22.8					13	
24				22.7	22.7							
26				22.4	22.6							
28				21.4	21.2							
30					18.1							
底层	22	23.4	22.8	22.5	21.4	18.1	13.6	13.4	13.1	13.2	13.2	13

表 3.7　　　黄冈水库 1986 年 4 月 1 日及 1986 年 7 月 14 日水温实测值

测点水深 /m	1986 年 4 月 19 日各测点观测数据/℃						1986 年 7 月 14 日各测点观测数据/℃					
	入口	2	3	4	5	出口	入口	2	3	4	5	出口
	水平距离/m						水平距离/m					
	1.5	3	11.5	12	21	23.8	10.5	13	18.9	22.1	31.2	35.5
表层	20.6	21.8	21.5	21.5	21.9	21.1	26.3	27.1	27.1	28.5	26.5	27.6
2		21.4	21	21.1	21.5	21	25.7	27	26.4	27.9	25.5	26.2

测点水深/m	1986年4月19日各测点观测数据/℃						1986年7月14日各测点观测数据/℃					
	入口	2	3	4	5	出口	入口	2	3	4	5	出口
	水平距离/m						水平距离/m					
	1.5	3	11.5	12	21	23.8	10.5	13	18.9	22.1	31.2	35.5
4			19.8	19.8	20.1	20.1	24.3	26.5	25.1	26.7	24	24.3
6			17.8	17	17.8	17.4	23.3	25.5	23.3	25.3	23.1	23.3
8			15.7	15.6	16.1	15.7	23	23.3	22.7	23.8	22.3	22.7
10			14.8	14.8	15.2	14.9	22.8	22.9	22.3	22.8	22	22.2
12				14.8	14.6	14.5		22.5	22.1	22.3	21.8	21.9
14					14.2	14.1			22.1	22	21.7	21.7
16					13.8	13.7			22.1	21.6	21.5	21.6
18					13.2	13.1			22.1	21.4	21.5	21.4
20					13	12.9				21.3	21.3	21.3
22						12.8				21.3	21.2	21.3
24											20.8	20.7
26											20.1	20.7
28											18.8	18.9
30											18	16.2
底层	18.8	20.8	14.6	14.1	13	12.8	22.8	22.5	22.1	21.3	18	15.6

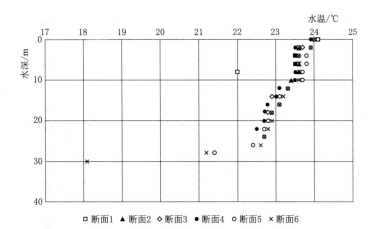

图3.4　黄冈水库1985年10月23日水温分层数据

　　黄冈水库有4个月的不同测点数据，记录较为完整。1月气温较低，库表水温在14.5～15℃之间，因受低温影响，表层水温下降速度较快，5m深处水温为13.5℃，水温梯度为0.2℃/m；5～12m处水域受气温影响减弱，水温下降速度减缓，仅有0.5℃的变幅；12m至库底水温基本维持不变。

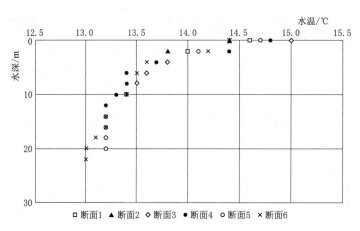

图 3.5 黄冈水库 1986 年 1 月 16 日水温分层数据

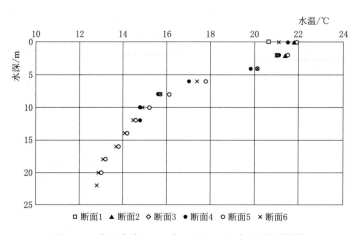

图 3.6 黄冈水库 1986 年 4 月 19 日水温分层数据

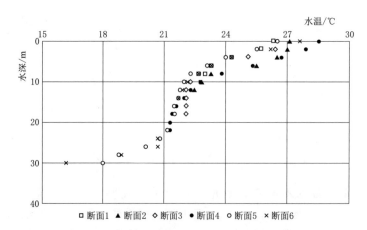

图 3.7 黄冈水库 1986 年 7 月 14 日水温分层数据

4月气温上升，库表水温随之上升到22℃左右，库表至水深2m处水温基本维持不变，为非常薄的同温层。2～8m处出现温跃层，水温下降到15℃，降幅7℃，8m至库底水温下降较慢，水温梯度为0.25℃/m。

7月气温继续升高，库表水温上升到27℃，表层水温下降速度很快，水深8m处气温下降到23℃左右，水温梯度为0.5℃/m。8～25m处水温变化幅度较小，仅有3℃的变幅，这是因为不同深度水体交换频繁，水温保持无大幅度下降。26～30m处水温下降速度变快，从21℃骤降到18℃。

10月库表水温为24℃，库表至26m深处水温下降速度较小，降幅为1.5℃，水温梯度为0.06℃/m；26～30m处水温骤降到18℃，水温梯度为1.1℃/m。

从以上分析可知，黄冈水库库底水温变幅较大，库表具有明显分层现象，水库表层水体交换剧烈，表层水温下降较快；库底水温也随着不同月份的变化而变化，最低13℃，最高16℃左右。因此，黄冈水库水温垂向结构为过渡型水库。

5. 宝珠寺水库

宝珠寺水电站位于四川省广元市境内，是嘉陵江水系白龙江干流的第二个梯级电站。总装机容量70万kW，大坝正常蓄水位588.00m，白龙江干流回水长67.8km，支流刘家河和青川河支库回水分别长18km和27.8km，水库总面积62km²，总库容25.5亿m³，调节库容13.4亿m³，具有不完全年调节性能。宝珠寺水库水温观测成果见表3.8。

表3.8　　　　　　　宝珠寺水库水温观测成果　　　　　　　单位：℃

水深	坝前		青川河下游		青川河上游	
	右	左	右	左	右	左
水表面	20.1	20	19.9	19.9	19.6	19.6
1m	20	20	19.9	19.9	19.6	19.6
2m	20	20	19.9	19.9	19.6	19.6
3m	20	20	19.9	19.9	19.6	19.6
4m	20	20	19.9	19.9	19.6	19.6
5m	20	20	19.9	19.9	19.6	19.6
10m	20	20	19.8	19.8	19.6	19.6
15m	19.9	19.9	19.7	19.7	19.5	19.6
20m	19	19	19.5	19.7	19.5	19.6
25m	18.6	18.6	19.4	19.5	19.5	19.5
30m	18.3	18.3	18.8	18.8	19.4	19.4
40m	17.9	18	17.6	17.6	18.3	18.3
50m	17.6	17.8	17.3	17.1	16.2	16.1
70m	11.4	12.2	16.7	16.7		
100m	10.8					

宝珠寺水库 2000 年 10 月 17 日实测水温垂向分布见图 3.8。

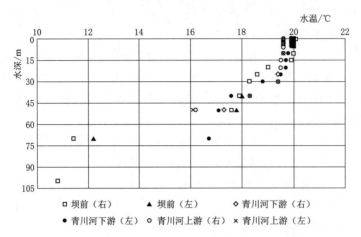

图 3.8　宝珠寺水库 2000 年 10 月 17 日实测水温垂向分布

10 月已处于秋季，气温较 8—9 月有所下降，库表水温也维持在 20℃；6 个测点均出现同温层，离坝址较近的测点同温层较薄，距坝址远的测点同温层厚，同温层基本出现在库表至 30m 深处；然后坝前测点、青川河上游测点在 40～70m 水深，出现温跃层，温差在 8℃左右；70m 以下只有坝前（右）一个测点，可以看到水温没有继续下降，而是维持在 10℃左右，为滞温层。宝珠寺水库水温分层规律呈现小"S"形分布结构。

青川河下游水深变小，测点分层规律有所不同，库表至 20m 处为同温层，水温维持在 20℃左右，20～40m 处出现不太明显的温跃层，40～70m 处温度下降速度变慢，库底水温为 16.7℃。因此，从不同断面水温实测值分析，宝珠寺水库具有明显的水温分层结构。

6. 万家寨水库

黄河万家寨水利枢纽位于黄河北干流上段托克托至龙口峡谷河段内，是黄河中游梯级开发的第一级。于 2000 年底 6 台机组全部建成发电。枢纽设计年供水量 14 亿 m³，水电站装机 108 万 kW，设计年发电量 27.5 亿 kW·h。万家寨水利枢纽工程属 Ⅰ 等大（1）型工程，永久性主要建筑物为 1 级水工建筑物；设计洪水标准千年一遇，校核洪水标准万年一遇；入库洪峰流量分别为 1650m³/s 和 21200m³/s。

万家寨水利枢纽控制流域面积 39.5 万 km²，多年平均入库径流量 248 亿 m³（河口镇 1952—1986 年实测年径流系列），设计多年平均入库径流量 248 亿 m³（1919—1979 年设计入库系列）。设计多年平均年入库沙量 1.49 亿 t，设计多年平均年含沙量 6.6kg/m³。水库总库容 8.96 亿 m³，调节库容 4.45 亿 m³。水库最高蓄水位 980.00m，正常蓄水位 977.00m。水库采用"蓄清排浑"运行方式，排沙期运行水位 952.00～957.00m。

万家寨水库水温监测数据日期为 2003 年 8 月 19—21 日，共有包括坝上、坝下及库区在内的共 22 个测点，实测值见表 3.9。

万家寨水库数据只有 8 月的一次观测值。从图 3.10 中可以看出，库表水温均接近气温值，在 25℃左右。在靠近坝址的几个测点处，比如坝上左点、中点及 1 号、2 号点处，表层水温有一定的同温层，均出现在水深 10m 左右，同温层厚度均为 5m 左右。15～30m 处水温持续降低，30m 处又出现一个同温层，厚度为 5m 左右，然后坝上点及 1 号、2 号、

3号点均出现逆温，随着深度的增加，水温上升，这种现象出现在水深40m左右，水温回升大概0.5℃。

5~11号点水温分层分布规律相似。从库表至40m深处水温处于持续2下降阶段，下降速度基本保持一致。个别测点出现同温、逆温现象，比如9号测点在深10m处，出现厚度5m左右的同温层，在15m深处出现小幅度的逆温，水温大概升高了0.3℃；5号测点数据较多，在40~50m处出现升温现象，温度大概升高了1.2℃。

表3.9 　　　　　　　　　　万家寨水库2003年8月19—21日水温实测值

水深/m	实测水温/℃						
	坝上左点	坝上中点	坝上右点	1号点（距坝址距离500m）	2号点（距坝址距离1000m）	3号点（距坝址距离2000m）	4号点（距坝址距离3000m）
0	24	24.1	24.5	24.4	24.6	24.8	24.7
2	24	24	24.4	24.3	24.2	24.4	24.7
4	24	24	24.2	24.2	24.2	24.2	24.3
6	24	24	24.2	24.2	24.2	24.1	24.2
8	24	23.9	24.1	24.1	24.1	24.1	24
10	24	23.9	24	24.1	24.1	24	23.6
12	24	23.9	24	24	24.1	23.9	23.6
14	24	23.9	23.9	24	24	23.8	23.7
16	24	23.9	23.9	24	23.8	23.6	23.6
18	23.5	23.7	23.8	23.8	23.5	23.5	23.4
20	23	23.2	23.1	23.6	23.2	23.4	23.2
22	22.8	22.7	22.7	23.2	22.7	23.2	23.1
24	22.6	22.6	22.4	22.8	22.5	22.9	23
26	22.3	22.6	22.3	22.5	22.3	22.6	22.8
28	22.3	22.5	22.3	22.4	22.3	22.4	22.7
30	22.3	22.5	22.3	22.3	22.2	22.6	22.7
32	22.4	22.4	22.3	22.3	22.2	22.6	22.7
34	22.3	22.4	22.4	22.3	22.4	22.6	22.7
36	22.3	22.3	22.5	22.5	22.6	2 26	22.6
38	22.3	22.3	22.7	22.7	22.7	22.5	22.4
40	22.2	22.3	22.8	22.6	22.6	22.4	22.3
42	22.4	22.4	22.8	22.6	22.3		22.2
44	22.6	22.4	22.8	22.5	22.2		22.1
46	22.1	22.7	22.8	22.4	22.2		
48	21.7	22.2	22.8	22.2			
50		21.8					

续表

水深/m	实测水温/℃						
	5 号点 (距坝址距离 5000m)	6 号点 (距坝址距离 7000m)	7 号点 (距坝址距离 10km)	8 号点 (距坝址距离 11.5km)	9 号点 (距坝址距离 14.6km)	10 号点 (距坝址距离 17.7km)	11 号点 (距坝址距离 21.6km)
0	25.7	25.2	25.1	25.2	25	25.4	24.8
2	24.8	24.9	24.7	24.7	24.5	24.9	24.6
4	24.6	24.4	24.1	24.1	24.3	24.5	24.4
6	24.2	24.2	24.1	24.1	24.1	24.2	24.3
8	24	24.1	24	24.1	23.9	24.1	24.1
10	23.9	24	24	24	24	24	23.9
12	23.8	23.8	24	23.9	23.9	23.9	23.7
14	23.7	23.7	23.8	23.8	23.9	23.8	23.4
16	23.6	23.6	23.7	23.7	24	23.7	23
18	23.5	23.5	23.6	23.6	23.8	23.6	22.8
20	23.4	23.4	23.5	23.6	23.6	23.4	22.5
22	23.2	23.2	23.4	23.5	23.3	23.1	22.4
24	23	23.2	23.2	23.4	23	23	22.4
26	22.9	23.1	23	23.2	22.9	22.6	
28	22.8	23	22.7	22.8	22.5	22.4	
30	22.9	22.8	22.6	22.6	22.4	22.4	
32	22.8	22.4	22.5	22.4	22.4	22.4	
34	22.7	22.2	22.3	22.1	22.3		
36	22.5	22.1	22.3				
38	22.3	22.1	22.2				
40	22.1	22	22.1				
42	22.3						
44	22.5						
46	22.9						
48	23.1						
50							

不同测点距坝址的距离不同，但水温分层分布规律却比较接近，可以总结出几点规律：①库表水温均受气温影响，维持在 24.5～25.5℃ 之间，且距坝址越远，库表水温越高；②库底 40m 深处，水温基本维持在 22℃；③由于水库深度较小，库表、库底水温相差较小，水温沿水深呈小"S"形分布。

7. 冯家山水库

冯家山水库位于陕西省宝鸡市以北约 40km 的千河下游，控制流域面积 3232km²，是

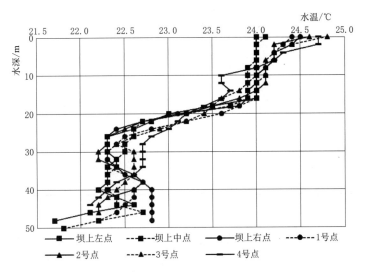

图 3.9　万家寨水库坝上至 4 号点 2003 年 8 月 19—21 日实测水温垂向分布

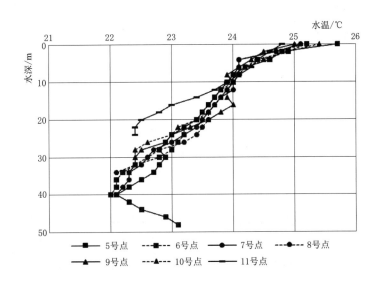

图 3.10　万家寨水库 5～11 号点 2003 年 8 月 19—21 日
实测水温垂向分布

以灌溉为主，兼顾防洪、发电、供水、养殖等综合利用的Ⅱ等大（2）型水利工程。水库原设计防洪标准为百年一遇洪水，洪峰流量为 $3400\text{m}^3/\text{s}$，设计洪水位为 708.50m；千年一遇校核洪水，校核洪峰流量为 $7200\text{m}^3/\text{s}$，校核洪水位为 712.70m；2000 年一遇保坝洪水，洪峰流量为 $8260\text{m}^3/\text{s}$，最高洪水位为 713.90m。水库除险加固后按百年一遇洪水设计，洪峰流量为 $3550\text{m}^3/\text{s}$，设计洪水位为 708.80m；5000 年一遇洪水校核，校核洪峰流量为 $8860\text{m}^3/\text{s}$，校核洪水位为 714.83m，设计正常蓄水位为 712.00m，近期正常蓄水位为 710.00m，死水位为 688.50m，汛限水位为 707.00m，总库容为 4.13 亿 m^3，调节库容为 2.86 亿 m^3。冯家山水库 1977 年水温数据见表 3.10 和图 3.11。

表 3.10　　　　　　　冯家山水库 1977 年水温分布数据

水深/m	水温分布/℃		
	5 月 10 日	7 月 25 日	9 月 3 日
0	8	11.2	13.5
10	8.1	11.2	13.5
20	8.3	11.2	13.5
30	18.1	11.5	20.1
35	19.2	15.6	22.1
40		23.2	

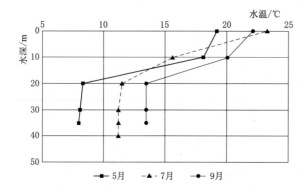

图 3.11　冯家山水库 1977 年水温分布数据图

冯家山水库库表水温低于库底水温。5 月库表水温最低，为 8℃，库表至 20m 为滞温层，水温维持在 8℃左右；在 20～35m 处水温出现回升，升至 19.2℃。7 月库表水温为 11.2℃，库表至 30m 处为同温层，水温维持在 11.2℃；30～40m 水温回升至 23.2℃。

9 月库表水温最高为 13.5℃，水温分布规律与 5 月基本相同，库表至 20m 为滞温层，水温维持在 13.5℃；20～35m 水温回升至 22.1℃。

冯家山水库库表水温低，库底水温高。水库具有明显的蓄热作用，其水温分布规律受北方气温影响显著。

8. 刘家峡水库

刘家峡水库位于黄河上游甘肃省临夏回族自治州永靖县，是以发电为主兼有防洪、灌溉、防凌、航运、养殖等效益的大型水利枢纽。总装机容量 135 万 kW，年发电量 57 亿 kW·h，水位 1735.00m 时淹没土地 5160hm²。其水温实测资料见表 3.11 和图 3.12。

表 3.11　　　　　　　刘家峡水库水温资料

5 月		6 月	
水深/m	水温/℃	水深/m	水温/℃
0	17.5	0	18.5
1	17.1	1	17.4
2	14.9	2	16.3
3	14.8	3	16
4	14.7	4	15.6
5	14.7	5	15.4
6	14.7	6	15.3

5月		6月	
水深/m	水温/℃	水深/m	水温/℃
9	12.5	7	15.2
14	8.1	8	15
20	7	14	14.8
25	6.1	15	14.8
29	6.1	20	14
34	6	25	11.5

刘家峡水库只有5—6月水温数据，5月库表水温为17.5℃，在表层3m处水温为15℃，下降速度较快；3～6m处出现同温层，温度基本没有变化；6～25m出现温跃层，温度下降8.6℃；25～35m处水温维持不变。

6月气温升高，库表水温为18.5℃，表层水温出现持续下降，至8m处水温为15℃；8～15m出现同温层，水温维持在14.8～15℃之间；20～25m之间水温出现持续下降，从14.8℃降至11.5℃。

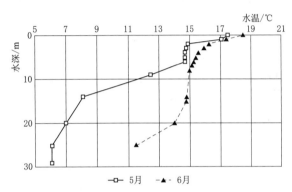

图3.12 刘家峡水库水温数据图

由此可见，刘家峡水库有明显分层现象，不同月份水温分布呈现不同规律，但是水温沿水深呈"S"形分布，其水温为稳定分层型水库，与库水交换次数法判断一致。

9. 二滩水库

二滩水库地处川西高原气候区，区域内热日照充足，干雨季分明，气温年较差小，日较差大。一般6—10月为雨季，雨量充沛，气候湿润；11月至翌年5月为干季，气候温暖、干燥、少雨。根据小得石水文站1978—1985年资料统计结果，坝址处多年平均气温19.7℃，年平均降雨量1003mm，年平均降雨天数109天，多年平均相对湿度66%。

二滩水电站建成蓄水后，1999年9月至2000年10月，建设单位委托成都广达水电工程技术开发公司对库区坝前、渔门、胜利三个断面进行了深水水温连续观测；1999年9月至2000年7月对库区坝前至金河及坝下至河口段水温进行了春、夏、秋、冬四季的观测。蓄水前、后小得石站水温观测成果统计见表3.12。

表3.12　　　　二滩水电站蓄水前、后雅砻江小得石站水温观测成果统计表　　　单位：℃

月份	1	2	3	4	5	6	7	8	9	10	11	12	年平均
蓄水前水温	8.5	10.3	13.4	16.7	18.4	19.6	19.4	19.6	18.0	16.2	12.5	9.1	15.1
蓄水后水温	11.4	10.9	13.0	15.4	17.1	20.1	19.7	20.0	—	18.9	17.0	12.6	—

注　蓄水前水温采用1960—1962年、1988—1997年观测资料，蓄水后水温采用1999年观测资料。

水库蓄水后水温观测结果表明，雅砻江干流库区水温一年四季明显分层，斜温层分布深度随季节不同有所变化，干流库区冬、春、夏季斜温层分别位于库表下 20～70m、0～70m、0～10m 范围内，各季节增温率分别为 0.1℃/m、0.12℃/m、0.38～0.60℃/m，夏季增温率明显高于冬、春季。干流库区冬、春、夏季表层水温分别为 3.1～14.2℃、17.2～18.5℃、23.8～26.0℃，冬、夏季温差约 11.5℃。干流库区冬、春、夏季库底水温明显低于库表水温，分别为 9.4～9.9℃、9.7～10.1℃、16.0～17.1℃，冬、夏季温差约 6.0℃。

对比建库前后水温观测成果，蓄水前天然河道水体水温为完全混合型，蓄水后干流库区四季水温皆呈分层状态，库底与库表最大温差出现在夏季，为 9.0℃；水库蓄水后库区水体表层水温较天然河道明显增高，坝址处蓄水后冬季（1 月）表层水温较天然状态同月水温约高 5.1℃，此现象原因是水体流速减缓，停留时间长，水体吸收太阳辐射能及空气热能较天然状态多。

雅砻江二滩水库干流库区各共布设了 17 个观测断面，其中主库区 2006 年 2 月 28 日至 3 月 2 日、5 月 24—25 日、7 月 26—28 日、7 月 29—30 日水温垂向分布见图 3.13。2006 年 7 月 26—28 日、7 月 29—30 日两次监测成果数据差别不大，水温垂向分布图几乎全部重合。

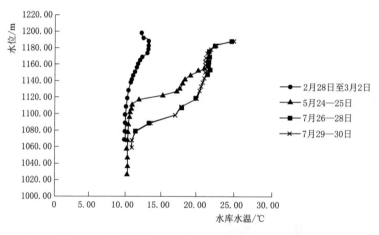

图 3.13　二滩水库 2006 年 2—7 月水温垂向分布图

从水温分层结构来看，水温在各个月份均保持分层状态，且随着时间的推移分层效果越来越明显，水温等值线基本趋于水平，出水口处由于泄流作用水温等值线呈下倾趋势。3—6 月，表层为同温层，厚度约为 40m；表层同温层以下形成温跃层，该层水温变化剧烈，温度梯度较大，其中 6 月温跃层温度梯度达 0.2℃/m；温跃层以下为底层同温层，模拟期内温度变化很小。7 月水温形成双温跃层结构，表层温跃层温度梯度为 1.1℃/m；表层温跃层以下为厚度约 60m 的恒温层；恒温层以下形成第二温跃层，温度梯度达 0.25℃/m；库底为恒温层，与 2 月、5 月相比，底层恒温层水温略有上升、厚度减小。

二滩水库库底水温变化小，水库具有明显的水温分层现象，其水温为稳定分层型水库，与库水交换次数法判断结果一致。

3.2.3　结论

通过以上 9 个水库实测垂向水温数据的分析可得出如下结论。

（1）调节性能强、水深较大的水库，比如丹江口、隔河岩、黄冈、宝珠寺、万家寨、刘家峡、二滩、冯家山等水库均为季调节、年调节或多年调节性能的水库，在 5—11 月水温分层现象较为明显，库表水温受气温影响较大，水库表层会出现同温层。水库中层水域会出现温跃层，水温变幅较大。库底水温由于受辐射、气温及水流运动影响较小，水温变化较小，出现滞温层。12 月至次年 2 月气温较低，库表及上层水温基本等于或低于库底水温。所以这些水库实测资料显示是稳定分层型水库，与库水交换次数法判断一致。

（2）调节能力小、水深较小的水库一般为混合型水库，如漫湾水库。但是根据实测资料显示漫湾水库夏季仍然有温跃层和水库分层特点，库底水温差别较小，属于过渡型水温结构，与库水交换次数法判断为混合型的结果不一致，需要更多资料来验证。万家寨水库为季调节水库，实测资料反映有明显水温分层现象，由于实测资料仅一次，不同月份水温分布规律不清楚，而水库整体温度分布不太均匀，库表水温与库底水温的有一定温差，实测资料证明库水交换次数法判断为过渡型水温结构比较合理。

（3）实测资料显示 9 个水库均未出现混合型水温结构。

3.3　分层型水库水温分布特征

通过上述 9 个已建的大型水库的垂向水温分布分析可知，分层型水库水温在时间上呈现以年为周期的变化特点，春冬季水温较低。夏秋季水温较高。年内变化主要受到气候变化、入流水温、出流水温、风力、热扩散和热对流等的影响，分层型水库水温在垂直方向上随水深的变化呈现出一定的规律性，但是不同季节规律性不一致。对于同一水库同一月份不同测次，水温垂向分布也会发生较大变化，因为分层型水库水温垂直分布结构除受气象条件变化影响外，还受水流条件的影响。

1. 年内不同季节水温垂向变化

3—5 月，随着气温升高、太阳辐射量增加，水库水温分层结构变化显著，水体表层水温逐渐升高，而深水层的水温仍然较低且稳定，水库表层水温垂向分布最早向右偏移，中下层水库水温从保持一条直线逐步过渡到"S"形。因此，水库表层水温渐高、密度小，底层水温低、密度大，不会发生热对流，水库形成分层状态。

6—9 月，气温升高和太阳辐射量的增加，导致水库表层水体吸收大量热能，使表层水温迅速升高。太阳辐射是水库水体主要的热源，水库深层水体主要靠与上层水的热传导来增温，因此升温较为缓慢，水温较低。这样，水库表层水体能不断地吸收热量，提高水体温度，表层的高温水由于温度高密度小浮在水库表面，在上中部大约一定范围内有热能传递混掺现象，形成一定的垂向水温分层现象。水深 70m 至库底不会再发生下沉与深层的低温水进行混掺，因此形成了较为稳定的分层。

10—11 月，随着气温降低和太阳辐射量的减小，水库表层水温逐渐下降而冷却，表面冷却水的密度逐渐增大，冷却水开始逐渐下沉，并与下层温水对流混掺，最后形成整个影响区均匀密度水体，此时水库表面又形成了新的等温层，该层的厚度随着时间的推移而变化，直至再一次形成全库等温状态。

11 月至次年 2 月，水库表面水温受到气温的影响而降低，但水库具有夏季蓄热和储热作用，水库滞温使冬季水温比天然情况明显升高，水库表层水体和下层水体发生垂向对流。因此，冬季水库水温沿垂直方向基本呈等温混合分布，表现为具有一定厚度的同温层，寒冷地区表层水温会出现一定的逆温层。

2. 水温在时间上的变化规律

分层型水库水温在水深方向呈现出规律性的分布。底层水温相对稳定，变幅较小，有些水库终年基本都维持在一固定的水温。表层水温受气温的支配影响，年内变化较大，年季变化不显著，变化趋势基本上同气温变化规律较为一致。混合型水库水温随气温变化，不同月份水温差异较大；库表与库底水温差异不大，年内最大、最小月平均库底水温差最大。过渡型水库表层和中层接近分层型水库，但库底水温最大、最小值的差介于分层型水库和混合型水库之间。

第 4 章

常用水库水温简易预测方法验证及分析

水温经验法一种是根据实测资料建立的统计回归模型，有线性回归模型和非线性回归模型。另一种是考虑多变量影响，在回归模型基础上增加指数变化规律或 S 曲线的半理论半经验法。这些方法仅能够考虑影响水温的 2～3 个影响因子，因计算简单得到推广应用，由于水温影响因素的复杂性和参数取值的经验性，计算精度较低。有物理基础的水温模型仅在极其简化的条件下才能得出解析解，因此目前主要使用数值求解方法。由于水温数值计算方法使用的软件十分复杂，需要输入的资料较多，计算费时，而解析解方法公式简单，输入的资料少，理论基础扎实。国际上不少学者在适当简化边界条件基础上，引入平衡温度概念和拉格朗日模型可得出水温对流扩散方程的解析解。本书水温简易计算方法包括回归模型和解析解算法两大类。本章主要应用第 1 章中介绍的国内外经验回归模型和解析解算法，应用于实际案例中，并开展误差分析和适应性分析。

4.1 水库水温预测经验法

4.1.1 水库表层月平均水温变化过程经验公式

4.1.1.1 EMO 月平均水温计算公式模拟分析

1. EMO 模型模拟

验证资料采用二滩水库 2002—2005 年逐月平均水温资料，采用 EMO 月平均水温计算公式 [式 (1.8) 和式 (1.9)]（以下简称 EMO 模型）进行验证，模拟计算结果见表 4.1，模拟值与实测值误差见表 4.2。

表 4.1　　　　　　　　　　EMO 模型月平均水温模拟计算结果

月份	计 算 水 温/℃			
	2002 年	2003 年	2004 年	2005 年
1	10.6	11.9	9.9	10.4
2	9.9	11.2	9.2	9.7
3	10.7	12.1	10	10.5
4	13	14.3	12.3	12.8
5	15.9	17.3	15.2	15.7

续表

月份	计 算 水 温/℃			
	2002 年	2003 年	2004 年	2005 年
6	18.9	20.2	18.2	18.7
7	21	22.4	20.3	20.8
8	21.7	23.1	21	21.5
9	20.9	22.2	20.2	20.7
10	18.7	20	18	18.5
11	15.7	17	15	15.5
12	12.7	14.1	12	12.5

表 4.2　　　　　　　　　　　EMO 模型月平均水温模拟误差统计表

月份	绝 对 误 差/℃			
	2002 年	2003 年	2004 年	2005 年
1	0.7	1.9	1.2	1.9
2	0.9	1.9	1.4	1.9
3	1.7	2.5	1.7	0.5
4	2.5	3.4	2.5	2.3
5	2.5	3.2	2.7	4.6
6	0.3	0.6	0.1	6.8
7	1.2	2.1	2.8	6.4
8	3.2	1.6	1.4	6.8
9	2.3	3.6	2	5.5
10	2.2	2.9	1.5	5.3
11	0.6	1.9	1	2.1
12	1.1	1.4	0.3	0.2

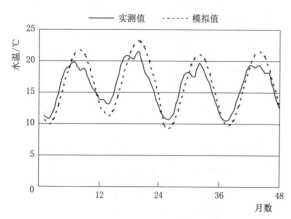

图 4.1　EMO 模型模拟结果与实测值对比图

由各个月份的模拟水温值和对应实测水温资料，绘出二滩水库坝前月平均表层水温动态过程线，见图 4.1。

2. EMO 模型模拟结果分析

从表 4.2 和图 4.1 中可以看出，EMO 模型模拟结果的最大误差为 3.6℃，误差低于 2℃ 的合格率为 62.5%。相对误差都在 20% 以下。对峰值的预测误差比较大，振幅偏高。

EMO 模型的适用性比较广，需要的输入资料不多，但是需要有一定长度的水温监测资料。

4.1.1.2 余弦函数与统计法联合模型

1. 模拟验证与分析

利用二滩水库 2002—2005 年实测资料，采用余弦函数与统计法联合模型 〔式 (1.105)～式 (1.108)〕（以下简称联合统计模型）计算库表月平均水温，计算结果见表 4.3，误差统计见表 4.4。

表 4.3　　　　　　　　　二滩水库表层水温模拟预测结果

月份	模 拟 水 温/℃			
	2002 年	2003 年	2004 年	2005 年
1	11.7	11.7	11.7	11.7
2	11.9	11.9	11.9	11.9
3	13.3	13.3	13.3	13.3
4	15.3	15.3	15.3	15.3
5	17.5	17.5	17.5	17.5
6	19.2	19.2	19.2	19.2
7	20.1	20.1	20.1	20.1
8	19.9	19.9	19.9	19.9
9	18.6	18.6	18.6	18.6
10	16.6	16.6	16.6	16.6
11	14.4	14.4	14.4	14.4
12	12.6	12.6	12.6	12.6

表 4.4　　　　　　　　　二滩水库表层水温模拟误差统计表

月份	模 拟 水 温 误 差/℃			
	2002 年	2003 年	2004 年	2005 年
1	0.4	2.1	0.6	1.1
2	1.1	1.2	1.3	1.3
3	0.9	1.3	1.6	1.2
4	0.2	2.4	0.5	0.4
5	0.9	3	0.4	0.3
6	0	1.6	1.1	0.2
7	0.3	0.2	2.6	1.1
8	1.4	1.6	0.3	0.5
9	0	0	0.4	0.5
10	0.1	0.5	0.1	1.4
11	0.7	0.7	0.4	0.4
12	1.2	0.1	0.9	0.1

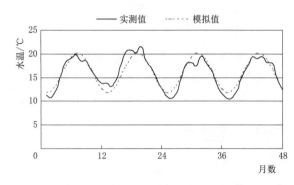

图 4.2　表层水温模拟值与实测值对比图

由二滩水库 2002—2005 年共四年连续的月平均水温实测数据和模拟数据绘制月平均水温动态过程线，见图 4.2。

2. 参数优选和模拟误差分析

联合统计模型基于如下原理：气温和水库某深度处的水温是以年为单位呈周期性变化，水库温度 T 随时间的变化过程可近似用余弦函数表示。余弦函数呈周期变化，可以模拟月平均水温多年变化过程。

对于模型中的参数，年平均水温 a 可以采用已有实测资料的多年月平均值；水温年变幅 b 是特别敏感参数，决定水温预测变幅范围，可以通过实测资料优选确定；b 对计算月平均水温的影响分析如下：b 越大，计算水温越大，振幅也大；b 越小，计算水温越小，振幅也小。振幅 b 大小决定了水温峰谷值的拟合精度。

经过调试和拟合，二滩水库的最佳参数为：$C_1 = 13.98$，$C_2 = -2.68$，$C_3 = 0.90$，$d_1 = 1.30$，$d_2 = 4.63$，$d_3 = -666.61$。

从表 4.3、表 4.4 和图 4.2 可以看出，余弦函数与统计联合模型预测表层水温绝对误差小于 2℃ 的合格率为 91.67%，相对误差小于 10% 的比例为 81.25%。因此，该模式预测精度较高，是具有较高精度保证的月水温过程预测方法。

4.1.1.3　AIC 逐步回归模型

1. 模拟验证与分析

利用漫湾水库 2004 年 1—2 月与二滩水库 2006 年 3—7 月的气温与入库流量、水库水温实测资料，对 AIC 模型［式 (1.13)～式 (1.16)］进行验证计算，并与一维数值解的水温结果进行比较分析，相关结果见表 4.5～表 4.8 和图 4.3、图 4.4。

2. 模拟误差和适用性分析

AIC 逐步回归关系式 (1.13)～式 (1.16) 的均方误差低，但是包含的影响变量较多。通过主要影响要素识别，可知气温和入流流量是重要的影响因子。AIC 模型建立了水温与气温和入流流量的一次逐步回归计算公式。根据漫湾水库和二滩水库对 AIC 的验证分析，从漫湾水库的预测计算结果看，AIC 模型计算结果与数值计算结果的误差都不超过 2℃，相对误差最大为 7.55%；从二滩水库的计算结果可以看出，最大误差为 3.6℃，误差小于 2℃ 的合格率为 66.7%。

AIC 模型的建立要求具有水温、气温和入流流量等实测资料优选参数，对规划水库需要根据规划水平年的实测资料和类比库参数进行水库水温预测计算。

4.1.2　水库极值水温公式

4.1.2.1　AF 极值水温公式

1. 模拟验证与分析

AF 极值水温公式见式 (1.4)～式 (1.7)，计算结果见表 4.9。

表4.5   漫湾水库 AIC 模型水温模拟结果   单位:℃

日 期	模拟水温	日 期	模拟水温
1月1日	16.38	2月1日	12.65
1月2日	15.98	2月2日	12.80
1月3日	14.89	2月3日	13.03
1月4日	14.88	2月4日	13.11
1月5日	14.84	2月5日	13.20
1月6日	14.73	2月6日	13.28
1月7日	14.70	2月7日	13.58
1月8日	14.60	2月8日	13.73
1月9日	14.34	2月9日	13.78
1月10日	14.18	2月10日	13.93
1月11日	14.21	2月11日	13.86
1月12日	14.31	2月12日	13.89
1月13日	14.40	2月13日	14.08
1月14日	14.32	2月14日	14.04
1月15日	14.20	2月15日	14.13
1月16日	14.06	2月16日	14.13
1月17日	13.99	2月17日	14.17
1月18日	13.90	2月18日	14.24
1月19日	13.80	2月19日	14.30
1月20日	13.85	2月20日	14.43
1月21日	13.81	2月21日	14.47
1月22日	13.58	2月22日	14.52
1月23日	13.53	2月23日	14.53
1月24日	13.42	2月24日	14.55
1月25日	13.41	2月25日	14.48
1月26日	13.01	2月26日	14.63
1月27日	12.83	2月27日	14.66
1月28日	12.80	2月28日	14.68
1月29日	12.70	2月29日	14.73
1月30日	12.55		
1月31日	12.58		

表 4.6 漫湾水库 AIC 模型计算水温与数值解误差统计表 单位:℃

日 期	绝对误差	日 期	绝对误差
1月1日	1.15	2月1日	0.19
1月2日	0.85	2月2日	0.26
1月3日	0.13	2月3日	0.42
1月4日	0.04	2月4日	0.42
1月5日	0.02	2月5日	0.42
1月6日	0	2月6日	0.41
1月7日	0.06	2月7日	0.63
1月8日	0.06	2月8日	0.67
1月9日	0.11	2月9日	0.61
1月10日	0.18	2月10日	0.65
1月11日	0.06	2月11日	0.47
1月12日	0.14	2月12日	0.40
1月13日	0.32	2月13日	0.49
1月14日	0.33	2月14日	0.34
1月15日	0.29	2月15日	0.31
1月16日	0.22	2月16日	0.21
1月17日	0.23	2月17日	0.14
1月18日	0.22	2月18日	0.11
1月19日	0.21	2月19日	0.06
1月20日	0.33	2月20日	0.08
1月21日	0.36	2月21日	0.01
1月22日	0.19	2月22日	0.05
1月23日	0.20	2月23日	0.14
1月24日	0.17	2月24日	0.22
1月25日	0.26	2月25日	0.39
1月26日	0.05	2月26日	0.34
1月27日	0.13	2月27日	0.42
1月28日	0.05	2月28日	0.51
1月29日	0.04	2月29日	0.57
1月30日	0.08		
1月31日	0.04		

表 4.7　　　　　　　　　二滩水库 AIC 模型水温过程模拟预测表　　　　　　　　单位:℃

日期	预测值	日期	预测值	日期	预测值	日期	预测值	日期	预测值
3 月 1 日	14.40	4 月 1 日	15.71	5 月 1 日	15.74	6 月 1 日	18.09	7 月 1 日	20.01
3 月 2 日	14.70	4 月 2 日	15.77	5 月 2 日	16.11	6 月 2 日	18.57	7 月 2 日	20.56
3 月 3 日	15.01	4 月 3 日	15.86	5 月 3 日	16.45	6 月 3 日	19.15	7 月 3 日	20.59
3 月 4 日	15.35	4 月 4 日	15.78	5 月 4 日	16.80	6 月 4 日	19.61	7 月 4 日	20.84
3 月 5 日	15.40	4 月 5 日	15.72	5 月 5 日	16.99	6 月 5 日	19.44	7 月 5 日	21.24
3 月 6 日	15.45	4 月 6 日	15.46	5 月 6 日	17.14	6 月 6 日	19.51	7 月 6 日	21.23
3 月 7 日	15.56	4 月 7 日	15.45	5 月 7 日	17.37	6 月 7 日	19.13	7 月 7 日	21.66
3 月 8 日	15.61	4 月 8 日	15.72	5 月 8 日	17.17	6 月 8 日	19.39	7 月 8 日	22.34
3 月 9 日	15.41	4 月 9 日	15.80	5 月 9 日	16.88	6 月 9 日	19.62	7 月 9 日	23.64
3 月 10 日	15.58	4 月 10 日	15.77	5 月 10 日	17.07	6 月 10 日	20.70	7 月 10 日	23.29
3 月 11 日	15.84	4 月 11 日	15.89	5 月 11 日	17.01	6 月 11 日	21.06	7 月 11 日	22.50
3 月 12 日	15.76	4 月 12 日	16.11	5 月 12 日	16.90	6 月 12 日	20.89	7 月 12 日	21.91
3 月 13 日	15.57	4 月 13 日	16.18	5 月 13 日	15.88	6 月 13 日	21.41	7 月 13 日	21.66
3 月 14 日	15.50	4 月 14 日	16.19	5 月 14 日	15.59	6 月 14 日	21.66	7 月 14 日	21.55
3 月 15 日	15.61	4 月 15 日	15.83	5 月 15 日	15.95	6 月 15 日	22.84	7 月 15 日	21.40
3 月 16 日	15.80	4 月 16 日	15.63	5 月 16 日	16.19	6 月 16 日	23.45	7 月 16 日	20.97
3 月 17 日	15.90	4 月 17 日	15.99	5 月 17 日	16.32	6 月 17 日	23.02	7 月 17 日	20.67
3 月 18 日	15.68	4 月 18 日	16.20	5 月 18 日	16.49	6 月 18 日	21.96	7 月 18 日	20.00
3 月 19 日	15.64	4 月 19 日	15.80	5 月 19 日	16.57	6 月 19 日	22.35	7 月 19 日	19.52
3 月 20 日	15.71	4 月 20 日	16.12	5 月 20 日	16.76	6 月 20 日	21.88	7 月 20 日	19.46
3 月 21 日	15.76	4 月 21 日	16.25	5 月 21 日	16.26	6 月 21 日	21.66	7 月 21 日	19.32
3 月 22 日	15.77	4 月 22 日	16.35	5 月 22 日	15.83	6 月 22 日	21.27	7 月 22 日	19.11
3 月 23 日	15.69	4 月 23 日	16.35	5 月 23 日	16.09	6 月 23 日	20.42	7 月 23 日	18.99
3 月 24 日	15.61	4 月 24 日	16.49	5 月 24 日	16.61	6 月 24 日	20.54	7 月 24 日	18.62
3 月 25 日	15.56	4 月 25 日	16.54	5 月 25 日	16.23	6 月 25 日	20.76	7 月 25 日	19.60
3 月 26 日	15.75	4 月 26 日	16.52	5 月 26 日	16.46	6 月 26 日	20.24	7 月 26 日	19.95
3 月 27 日	16.00	4 月 27 日	16.59	5 月 27 日	16.60	6 月 27 日	19.72	7 月 27 日	19.32
3 月 28 日	15.90	4 月 28 日	15.69	5 月 28 日	16.16	6 月 28 日	19.80	7 月 28 日	18.91
3 月 29 日	15.86	4 月 29 日	15.69	5 月 29 日	16.05	6 月 29 日	19.78	7 月 29 日	18.58
3 月 30 日	15.88	4 月 30 日	15.67	5 月 30 日	16.72	6 月 30 日	20.08	7 月 30 日	18.27
3 月 31 日	15.94			5 月 31 日	17.29			7 月 31 日	18.05

表 4.8　　　　　　　　　二滩水库 AIC 模型计算水温误差统计表　　　　　　　　单位：℃

日期	绝对误差	日期	绝对误差	日期	绝对误差	日期	绝对误差	日期	绝对误差
3 月 1 日	0.45	4 月 1 日	1.48	5 月 1 日	1.38	6 月 1 日	1.67	7 月 1 日	0.25
3 月 2 日	0.77	4 月 2 日	1.41	5 月 2 日	1.19	6 月 2 日	1.40	7 月 2 日	0.07
3 月 3 日	0.99	4 月 3 日	1.41	5 月 3 日	1.03	6 月 3 日	1.04	7 月 3 日	0.07
3 月 4 日	1.31	4 月 4 日	1.27	5 月 4 日	0.86	6 月 4 日	0.67	7 月 4 日	0.30
3 月 5 日	1.30	4 月 5 日	1.11	5 月 5 日	0.78	6 月 5 日	0.94	7 月 5 日	0.39
3 月 6 日	1.37	4 月 6 日	0.79	5 月 6 日	0.68	6 月 6 日	0.94	7 月 6 日	0.16
3 月 7 日	1.47	4 月 7 日	0.70	5 月 7 日	0.48	6 月 7 日	1.22	7 月 7 日	0.22
3 月 8 日	1.54	4 月 8 日	0.88	5 月 8 日	0.72	6 月 8 日	0.64	7 月 8 日	0.74
3 月 9 日	1.45	4 月 9 日	0.84	5 月 9 日	1.07	6 月 9 日	0.21	7 月 9 日	1.78
3 月 10 日	1.71	4 月 10 日	0.69	5 月 10 日	1.11	6 月 10 日	0.89	7 月 10 日	1.42
3 月 11 日	2.29	4 月 11 日	0.82	5 月 11 日	1.30	6 月 11 日	1.04	7 月 11 日	0.75
3 月 12 日	2.53	4 月 12 日	1.00	5 月 12 日	1.32	6 月 12 日	0.58	7 月 12 日	0.15
3 月 13 日	2.46	4 月 13 日	0.91	5 月 13 日	2.24	6 月 13 日	0.97	7 月 13 日	0.47
3 月 14 日	2.45	4 月 14 日	0.75	5 月 14 日	2.55	6 月 14 日	1.28	7 月 14 日	0.16
3 月 15 日	2.64	4 月 15 日	0.28	5 月 15 日	2.29	6 月 15 日	2.71	7 月 15 日	0.00
3 月 16 日	2.97	4 月 16 日	0.17	5 月 16 日	2.20	6 月 16 日	3.53	7 月 16 日	0.52
3 月 17 日	3.17	4 月 17 日	0.54	5 月 17 日	2.27	6 月 17 日	3.36	7 月 17 日	1.15
3 月 18 日	2.99	4 月 18 日	0.56	5 月 18 日	2.33	6 月 18 日	2.40	7 月 18 日	1.50
3 月 19 日	2.74	4 月 19 日	0.00	5 月 19 日	2.44	6 月 19 日	2.61	7 月 19 日	1.98
3 月 20 日	2.71	4 月 20 日	0.19	5 月 20 日	2.36	6 月 20 日	1.78	7 月 20 日	2.25
3 月 21 日	3.06	4 月 21 日	0.12	5 月 21 日	2.88	6 月 21 日	1.38	7 月 21 日	1.46
3 月 22 日	3.00	4 月 22 日	0.10	5 月 22 日	3.30	6 月 22 日	0.88	7 月 22 日	1.76
3 月 23 日	2.73	4 月 23 日	0.06	5 月 23 日	3.15	6 月 23 日	0.17	7 月 23 日	1.84
3 月 24 日	2.53	4 月 24 日	0.08	5 月 24 日	2.77	6 月 24 日	0.04	7 月 24 日	2.13
3 月 25 日	2.41	4 月 25 日	0.18	5 月 25 日	3.17	6 月 25 日	0.15	7 月 25 日	1.17
3 月 26 日	2.38	4 月 26 日	0.32	5 月 26 日	2.95	6 月 26 日	0.47	7 月 26 日	0.92
3 月 27 日	2.63	4 月 27 日	0.34	5 月 27 日	2.99	6 月 27 日	1.09	7 月 27 日	1.69
3 月 28 日	2.58	4 月 28 日	1.24	5 月 28 日	3.42	6 月 28 日	0.98	7 月 28 日	2.40
3 月 29 日	2.45	4 月 29 日	1.27	5 月 29 日	3.48	6 月 29 日	0.80	7 月 29 日	2.92
3 月 30 日	2.34	4 月 30 日	1.36	5 月 30 日	2.86	6 月 30 日	0.20	7 月 30 日	3.42
3 月 31 日	2.12			5 月 31 日	2.34			7 月 31 日	3.60

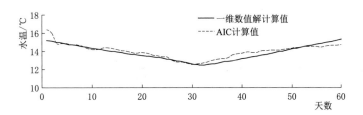

图 4.3 漫湾水库 AIC 模型计算水温与一维数值解计算水温比较图

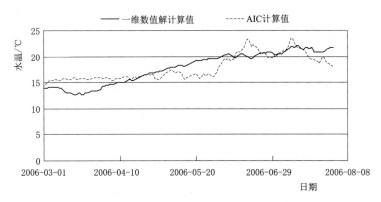

图 4.4 二滩水库 AIC 模型计算水温与一维数值解水温比较图

表 4.9 AF 模型模拟计算极值水温与误差统计表

水　库	纬度（北纬）/(°)	高程/m	最高水温/℃		最低水温/℃	
			计算值	绝对误差	计算值	绝对误差
丹江口	32.6	176.60	27.5	−1.2	18.7	11
二滩	26.73	1200.00	24.5	1.5	15	4.8
岗托	31.47	3200.60	15.61	1.31	3.84	3.64

从表 4.9 中可以看出，采用 AF 极值水温公式预测的水库最高与最低水温误差很大，不推荐使用。

2. 参数灵敏性分析

AF 模型中只有 AF 一个参数，且 AF 参数由海拔与纬度确定，可调性很小，因此误差较大。该研究只能表明在丹江口、二滩、岗托几个水库中应用效果不佳，还需更多水库实测资料验证其效果。

4.1.3 水库垂向水温分布经验回归预测模型

4.1.3.1 库表年平均水温模拟验证与分析

先根据统计法 [式（1.90）～式（1.93）] 确定库表年平均水温 $T_m(y)$ 和 A_0，再将 $T_m(y)$ 和 A_0 代入余弦函数公式（1.100）～公式（1.104）预测二滩水库库表月平均水温。利用二滩水库多年平均气温、库表年平均气温与各月水温进行模拟检验。

由表 4.10 可知，利用余弦函数预测二滩水库库表年平均水温误差较大，最大误差达到 14.9℃。此次研究只能表明在二滩水库中应用该法效果不佳，还需更多水库实测资料验证其有效性。

表 4.10　　　　　　二滩水库库表年平均水温 $T_m(y)$ 误差统计表

年平均水温：21.6℃

月份	库表月平均水温/℃	绝对误差/℃	验证误差/%
1	9	2.7	0.23
2	9.4	1.9	0.17
3	13	0.3	0.02
4	18.9	3.2	0.2
5	25.5	7	0.38
6	31.1	11.7	0.6
7	34.1	14.9	0.78
8	33.7	13.9	0.7
9	30.1	11.7	0.64
10	24.2	7.2	0.42
11	17.6	2.8	0.19
12	12.1	0.6	0.05

4.1.3.2　水库库底水温经验预测模型

1. 库底水温与纬度回归模型

利用库底水温与纬度回归模型［式（1.88）］预测丹江口水库与二滩水库的库底水温，模拟水温和误差统计结果见表 4.11。

表 4.11　　　　库底水温与纬度回归模型计算库底水温及误差统计表　　　　单位：℃

月份	丹江口水库		二滩水库	
	计算值	绝对误差	计算值	绝对误差
1	8.0	1.7	10.9	—
2	8.0	0.3	10.9	1.2
3	8.0	0.3	10.9	—
4	8.3	0.6	11.0	—
5	8.3	2.2	11.0	0.9
6	8.6	1.9	11.1	—
7	8.6	4.3	11.1	1.1
8	8.6	4.6	11.1	—
9	9.3	5.5	11.8	—
10	9.3	6.4	11.8	—
11	9.8	5.8	12.3	—
12	10.6	2.5	14.4	—

从计算结果可以看出，该方法对丹江口水库的库底水温计算误差很大，最大绝对误差达到 6.4℃；而对二滩水库由于只有 2006 年 2 月、5 月、7 月的实测资料，最大绝对误差

为 1.2℃。由于水库所在的纬度对该方法的影响较大，因此，使用该方法估算库底水温需要进一步研究。此次研究只能表明在丹江口、二滩两个水库中该方法应用效果欠佳，还需更多水库实测资料验证其适应性。

2. 朱伯芳公式

以二滩水库 2006 年 2 月、5 月、7 月实测库底水温为验证资料，采用朱伯芳公式[式（1.89）]计算二滩水库库底平均水温，库底水温预测结果和绝对误差见表 4.12。

采用朱伯芳公式计算的二滩库底年平均水温为 8.8℃，库底月平均水温最大绝对误差为 1.4℃，最小绝对误差为 0.9℃，朱伯芳公式计算二滩水库库底水温误差较大。

3. 公式适用性分析

从表 4.11 和表 4.12 可以看出，采用朱伯芳公式估算二滩水库库底水温最大误差达到 1.4℃，利用库底水温与纬度回归模型计算二滩水库的库底水温最大绝对误差为 1.2℃。对于稳定分层型二滩水库而言，两种方法库底水温计算误差都偏大；对于混合型水库和过渡型水库而言，该误差在允许误差范围内。

表 4.12 朱伯芳公式模拟二滩水库库底水温计算值与误差统计表 单位：℃

年平均水温：8.8℃

月份	计算月平均水温	绝对误差
1	8.5	
2	8.4	1.3
3	8.4	
4	8.5	
5	8.7	1.4
6	8.9	
7	9.1	0.9
8	9.3	
9	9.3	
10	9.2	
11	9.0	
12	8.7	

4.1.3.3 指数函数法垂向分层水温经验预测模型

1. 模拟验证

指数函数法只要给定库底水温和库表水温就可以计算各月垂向水温分布。为验证指数函数法垂向水温分布公式[式（1.98）和式（1.99）]的可行性，将实测库底水温和库表水温代入指数函数法进行模拟预测计算。此次研究采用丹江口水库、隔河岩水库与二滩水库实测资料。

（1）丹江口水库。模拟结果具体见表 4.13、表 4.14 和图 4.5。指数函数法计算的丹江口水库垂向水温最大绝对误差达到 3.2℃，发生在 7 月、8 月水下 20m；大于 2℃的绝对误差有 15 处，出现在水下 15～25m 范围。

表 4.13 丹江口水库垂向水温模拟预测结果

水深 /m	各月模拟水温/℃											
	1	2	3	4	5	6	7	8	9	10	11	12
0.1	9.6	7.8	8.6	14.9	20.9	24.8	27.4	29.1	25.3	21.6	17.3	13.1
5	9.6	7.8	8.5	13.5	18.7	22.4	25.8	28.2	25.1	21.6	17.3	13.1
10	9.6	7.8	8.3	11.7	16.3	19.2	22.9	25.7	24	21.2	17.3	13.1
15	9.6	7.8	8.1	10.3	14.3	16.3	19.8	22.4	22.1	20.5	17.1	13.1
20	9.6	7.7	7.9	9.3	12.9	14.2	17.2	19.1	19.3	19.3	16.9	13.1

续表

水深	各月模拟水温/℃											
/m	1	2	3	4	5	6	7	8	9	10	11	12
25	9.6	7.7	7.8	8.6	12	12.7	15.4	16.5	17.6	17.9	16.5	13.1
30	9.6	7.7	7.7	8.2	11.4	11.7	14.2	14.8	16.1	16.8	16.1	13.1
35	9.6	7.7	7.7	8	11	11.2	13.5	13.9	15.3	16.1	15.8	13.1
40	9.7	7.7	7.7	7.8	10.8	10.9	13.2	13.4	15	15.8	15.6	13.1
50	9.7	7.7	7.7	7.7	10.6	10.6	12.9	13.2	14.8	15.7	15.6	13.1

表 4.14　　　　　　　　　丹江口水库垂向水温模拟预测误差统计表

水深	各月模拟水温/℃											
/m	1	2	3	4	5	6	7	8	9	10	11	12
0.1	0	0	0	0	0	0	0	0	0	0	0	0
5	0.2	0.2	−0.3	−0.7	2.1	1.1	0.9	0.5	0.3	0	0.1	0
10	0.2	0.2	−0.3	−0.8	2.2	2.1	2	1.7	1.3	0.3	0.3	0.2
15	0.2	0.2	−0.3	−0.6	1.3	1.3	2.9	2.6	2.6	0.7	0.3	0.3
20	0.2	0.3	−0.1	−0.5	0.3	0.9	3.2	3.2	3	0.3	0.3	0.4
25	0.1	0.2	−0.1	−0.4	−0.7	0.7	2.9	3	2.8	0.3	0.6	0.3
30	−0.1	0.1	−0.1	−0.1	−0.8	0.4	2.2	1.6	2.7	0.6	0.5	0.3
35	−0.1	0	−0.1	−0.1	−0.7	0.5	1.7	1	2	0.7	0.5	0.1
40	−0.4	0.1	−0.4	−0.1	−0.5	0.1	0.9	0.7	0.9	0.7	0.4	−0.1
50	0	0	0	0	−0.1	−0.1	0	0	0	0	0	0

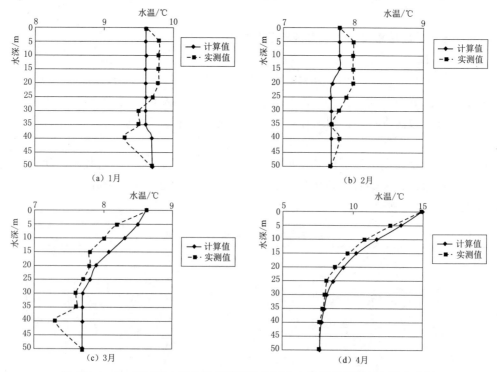

图 4.5（一）　丹江口水库各月指数函数法垂向水温模拟预测与实测比较图

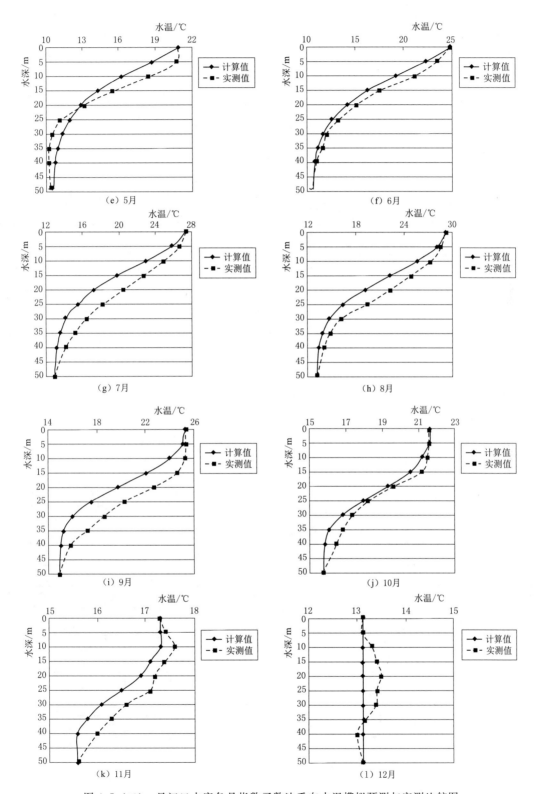

图 4.5（二）　丹江口水库各月指数函数法垂向水温模拟预测与实测比较图

（2）隔河岩水库。模拟结果具体见表 4.15、表 4.16 和图 4.6。指数函数法模拟计算的隔河岩水库垂向水温最大绝对误差达到 7.6℃，出现在 7 月水下 40m 处，超过 2℃的绝结误差达到 20 个，出现在 10~60m 范围，说明指数函数法计算隔河岩水库垂向水温误差太大。

表 4.15　　　　　　　　　　　　隔河岩水库水温模拟预测结果

水深/m	各月模拟水温/℃			
	4	5	7	10
1	15.4	21.6	30.8	21.2
3	14.9	20.6	30.0	21.2
5	14.3	19.4	28.7	21.1
10	12.7	16.4	24.6	20.7
15	11.4	14.0	20.3	19.5
20	10.4	12.3	16.7	17.7
25	9.8	11.2	14.1	15.7
30	9.5	10.5	12.5	14.1
35	9.2	10.0	11.6	13.1
40	9.1	9.7	11.1	12.6
50	9.0	9.5	10.8	12.5
60	9.0	9.4	10.7	12.5
70	9.0	9.4	10.7	12.5
80	9.0	9.4	10.7	12.5
90	9.0	9.4	10.7	12.5
100	9.0	9.4	10.7	12.5

表 4.16　　　　　　　　　　　隔河岩水库水温模拟预测误差统计表

水深/m	各月模拟水温/℃			
	4	5	7	10
1	0.2	0.4	0.1	0
3	0.5	1.2	0.5	0
5	0.9	1.0	0	0.1
10	0.7	3.6	−1.2	0.3
15	0.9	5.4	2.0	1
20	1.4	4.5	4.5	1.8
25	1.3	5.1	6.2	3.3
30	1.3	5.0	7.2	4.1
35	1.3	5.0	7.4	4.7
40	1.3	4.8	7.6	4.9

水深/m	各月模拟水温/℃			
	4	5	7	10
50	1	1.5	2.2	4.5
60	0.4	0.9	1.1	3.7
70	0	0.5	0.2	0.1
80	0	0.1	0.1	0
90	0	0	0	0
100	0	0	0	0

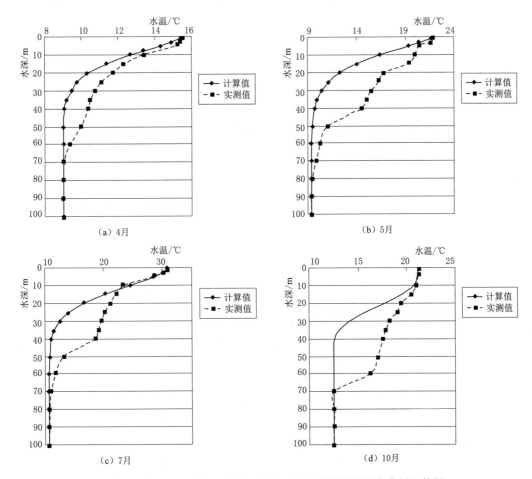

图 4.6 隔河岩水库各月指数函数法垂向水温模拟预测与实测比较图

（3）二滩水库。模拟结果具体见表 4.17、表 4.18 和图 4.7。采用指数函数法计算二滩水库垂向水温的绝对误差最大值为 9.7℃，出现在 7 月水下 1141～1145m 范围；超过 2℃ 的绝对误差达到 30 个，主要出现在水下 55～154m 范围内，说明指数函数法计算隔河岩水库垂向水温误差太大。

表 4.17 　　　　　　　　　　　二滩水库水温模拟预测结果 　　　　水温单位:℃;水位单位:m

2 月 27—28 日		5 月 24—25 日		7 月 26—28 日		7 月 29—30 日	
水位	模拟水温	水位	模拟水温	水位	模拟水温	水位	模拟水温
1030.50	9.80	1030.50	10.50	1030.50	10.80	1030.50	10.80
1034.60	9.80	1033.70	10.50	1034.40	10.80	1034.40	10.80
1038.80	9.80	1036.90	10.50	1038.40	10.80	1038.40	10.80
1042.90	9.80	1040.10	10.50	1042.30	10.80	1042.30	10.80
1047.10	9.80	1043.30	10.50	1046.30	10.80	1046.30	10.80
1051.20	9.80	1046.50	10.50	1050.20	10.80	1050.20	10.80
1055.30	9.80	1049.70	10.50	1054.20	10.80	1054.20	10.80
1059.50	9.80	1052.90	10.50	1058.10	10.80	1058.10	10.80
1063.60	9.80	1056.10	10.50	1062.10	10.80	1062.10	10.80
1067.70	9.80	1059.30	10.50	1066.00	10.80	1066.00	10.80
1071.90	9.80	1062.50	10.50	1070.00	10.80	1070.00	10.80
1076.00	9.80	1065.70	10.50	1073.90	10.80	1073.90	10.80
1080.20	9.80	1068.90	10.50	1077.90	10.80	1077.90	10.80
1084.30	9.80	1072.10	10.50	1081.80	10.80	1081.80	10.80
1088.40	9.80	1075.30	10.50	1085.80	10.80	1085.80	10.80
1092.60	9.80	1078.50	10.50	1089.70	10.80	1089.70	10.80
1096.70	9.80	1081.70	10.50	1093.70	10.80	1093.70	10.80
1100.80	9.80	1084.90	10.50	1097.60	10.80	1097.60	10.80
1105.00	9.80	1088.10	10.50	1101.60	10.80	1101.60	10.80
1109.10	9.80	1091.30	10.50	1105.50	10.80	1105.50	10.80
1113.30	9.80	1094.50	10.50	1109.50	10.80	1109.50	10.80
1117.40	9.80	1097.60	10.50	1113.40	10.80	1113.40	10.80
1121.50	9.80	1100.80	10.50	1117.30	10.80	1117.30	10.80
1125.70	9.80	1104.00	10.50	1121.30	10.80	1121.30	10.80
1129.80	9.80	1107.20	10.60	1125.20	10.80	1125.20	10.80
1133.90	9.80	1110.40	10.60	1129.20	10.80	1129.20	10.80
1138.10	9.80	1113.60	10.60	1133.10	10.80	1133.10	10.90
1142.20	9.80	1116.80	10.70	1137.10	10.90	1137.10	10.90
1146.30	9.80	1120.00	10.80	1141.00	10.90	1141.00	11.00
1150.50	9.80	1123.20	10.90	1145.00	11.00	1145.00	11.10
1154.60	9.80	1126.40	11.10	1148.90	11.10	1148.90	11.30
1158.80	9.80	1129.60	11.30	1152.90	11.30	1152.90	11.60
1162.90	9.90	1132.80	11.70	1156.80	11.50	1156.80	12.00
1167.00	10.00	1136.00	12.10	1160.80	11.90	1160.80	12.60

2 月 27—28 日		5 月 24—25 日		7 月 26—28 日		7 月 29—30 日	
水位	模拟水温	水位	模拟水温	水位	模拟水温	水位	模拟水温
1171.20	10.20	1139.20	12.70	1164.70	12.50	1164.70	13.40
1175.30	10.70	1142.40	13.50	1168.70	13.20	1168.70	14.50
1179.40	11.30	1145.60	14.50	1172.60	14.30	1172.60	16.10
1183.60	12.10	1148.80	15.60	1176.60	15.80	1176.60	17.90
1187.70	13.00	1152.00	16.90	1180.50	17.50	1180.50	19.90
1191.90	13.70	1155.20	18.30	1184.50	19.50	1184.50	21.60
1196.00	14.00	1158.40	19.40	1188.40	21.10	1188.40	21.60

表 4.18　　　　　　　　　　二滩水库水温模拟预测误差统计表

2 月 27—28 日		5 月 24—25 日		7 月 26—28 日		7 月 29—30 日	
水位/m	绝对误差/℃	水位/m	绝对误差/℃	水位/m	绝对误差/℃	水位/m	绝对误差/℃
1030.50	0.00	1030.50	0.20	1030.50	0.20	1030.50	0.20
1034.60	0.00	1033.70	0.20	1034.40	0.20	1034.40	0.20
1038.80	0.00	1036.90	0.20	1038.40	0.20	1038.40	0.20
1042.90	0.00	1040.10	0.20	1042.30	0.20	1042.30	0.20
1047.10	0.00	1043.30	0.20	1046.30	0.20	1046.30	0.20
1051.20	0.00	1046.50	0.20	1050.20	0.20	1050.20	0.20
1055.30	0.00	1049.70	0.20	1054.20	0.20	1054.20	0.20
1059.50	0.00	1052.90	0.20	1058.10	0.20	1058.10	0.20
1063.60	0.00	1056.10	0.20	1062.10	0.10	1062.10	0.10
1067.70	0.00	1059.30	0.20	1066.00	0.10	1066.00	0.00
1071.90	0.00	1062.50	0.20	1070.00	0.00	1070.00	0.10
1076.00	0.00	1065.70	0.10	1073.90	0.10	1073.90	0.20
1080.20	0.00	1068.90	0.10	1077.90	0.40	1077.90	0.50
1084.30	0.00	1072.10	0.00	1081.80	1.00	1081.80	1.10
1088.40	0.00	1075.30	0.10	1085.80	1.70	1085.80	1.70
1092.60	0.10	1078.50	0.20	1089.70	2.80	1089.70	2.90
1096.70	0.10	1081.70	0.30	1093.70	4.20	1093.70	4.40
1100.80	0.10	1084.90	0.40	1097.60	5.70	1097.60	5.90
1105.00	0.20	1088.10	0.50	1101.60	6.00	1101.60	6.20
1109.10	0.20	1091.30	0.60	1105.50	6.40	1105.50	6.60
1113.30	0.30	1094.50	0.80	1109.50	6.90	1109.50	7.00
1117.40	0.40	1097.60	0.90	1113.40	7.70	1113.40	7.80
1121.50	0.50	1100.80	1.00	1117.30	8.50	1117.30	8.60
1125.70	0.60	1104.00	1.40	1121.30	8.90	1121.30	9.00
1129.80	0.70	1107.20	1.90	1125.20	9.00	1125.20	9.10

续表

2 月 27—28 日		5 月 24—25 日		7 月 26—28 日		7 月 29—30 日	
水位/m	绝对误差/℃	水位/m	绝对误差/℃	水位/m	绝对误差/℃	水位/m	绝对误差/℃
1133.90	0.80	1110.40	2.40	1129.20	9.20	1129.20	9.30
1138.10	0.90	1113.60	3.00	1133.10	9.30	1133.10	9.40
1142.20	1.00	1116.80	3.80	1137.10	9.40	1137.10	9.60
1146.30	1.10	1120.00	4.10	1141.00	9.50	1141.00	9.70
1150.50	1.40	1123.20	4.50	1145.00	9.50	1145.00	9.70
1154.60	1.60	1126.40	5.10	1148.90	9.60	1148.90	9.60
1158.80	1.80	1129.60	6.00	1152.90	9.60	1152.90	9.50
1162.90	2.20	1132.80	6.50	1156.80	9.50	1156.80	9.30
1167.00	2.50	1136.00	6.00	1160.80	9.20	1160.80	9.00
1171.20	2.50	1139.20	5.60	1164.70	8.80	1164.70	8.30
1175.30	2.40	1142.40	5.00	1168.70	8.30	1168.70	7.40
1179.40	2.20	1145.60	4.30	1172.60	7.40	1172.60	6.00
1183.60	1.60	1148.80	3.60	1176.60	6.30	1176.60	4.50
1187.70	1.10	1152.00	2.70	1180.50	4.80	1180.50	2.50
1191.90	0.70	1155.20	1.70	1184.50	3.50	1184.50	1.50
1196.00	0.60	1158.40	1.20	1188.40	3.50	1188.40	3.10

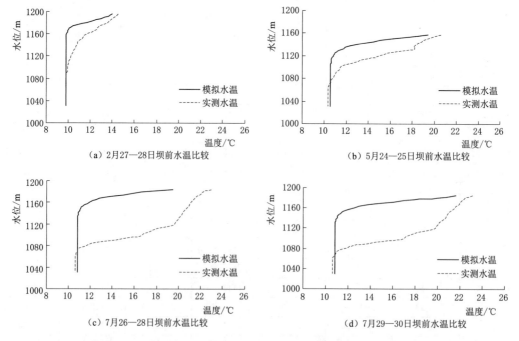

图 4.7　二滩水库各月指数函数法垂向水温模拟预测与实测比较图

2. 参数灵敏性分析

指数函数法是根据已知的库表水温和库底水温进行垂向水温分布计算。该方法无参数可调,是其优势也是劣势。从图 4.8～图 4.10 可以看出,指数函数法对丹江口水库垂向水温分布预测效果是枯水期好于汛期,枯水期沿水深方向整层模拟效果都很好,但是汛期沿水深方向整层模拟效果较差,丹江口水库垂向水温最大绝对误差达到 3.2℃,大于 2℃绝对误差有 15 处,发生在 7 月、8 月水下 20m 处。对隔河岩水库 4 月、5 月、7 月、10 月预测的库底部水温拟合很好,水库上中部误差都很大,最大绝对误差达到 7.6℃,出现在 7 月水下 10m 处,超过 2℃的绝对误差达 20 个;对二滩水库垂向水温的模拟效果较差,二滩水库垂向水温最大绝对误差为 9.7℃,超过 2℃的绝对误差达到 30 个,特别是 7 月,50m 以下中下层误差很大,模拟结果不能反映二滩水库垂向分层特点。此次研究表明指数函数法在丹江口水库、隔河岩水库与二滩水库等稳定分层型水库中的应用效果不够理想,还需更多分层型水库实测资料验证其效果。

4.1.3.4 李怀恩法垂向分层水温预测模型

1. 模拟验证

采用二滩水库 2006 年 2 月、5 月和 7 月垂向水温实测资料对李怀恩法[式(1.109)和式(1.110)]进行验证,具体结果见表 4.19、表 4.20 和图 4.8。采用李怀恩法计算二滩水库垂向水温最大绝对误差为 3.6℃,出现在 7 月 26—28 日水位 1188.40m 处,超过 2℃的绝对误差达到 24 个,主要出现在水下 60～157.9m 范围内,5 月垂向表层和下部计算水温均较低,说明李怀恩法计算二滩水库垂向水温误差太大。

表 4.19 　　　　　　　　　　二滩水库李怀恩法垂向水温模拟预测结果

水温单位:℃;水位单位:m

2 月 27—28 日		5 月 24—25 日		7 月 26—28 日		7 月 29—30 日	
水位	模拟水温	水位	模拟水温	水位	模拟水温	水位	模拟水温
1030.50	9.50	1030.50	9.80	1030.50	10.30	1030.50	10.10
1034.60	9.50	1033.70	9.90	1034.40	10.40	1034.40	10.30
1038.80	9.50	1036.90	10.10	1038.40	10.50	1038.40	10.40
1042.90	9.60	1040.10	10.20	1042.30	10.60	1042.30	10.50
1047.10	9.60	1043.30	10.30	1046.30	10.70	1046.30	10.60
1051.20	9.60	1046.50	10.50	1050.20	10.80	1050.20	10.80
1055.30	9.60	1049.70	10.80	1054.20	10.90	1054.20	10.90
1059.50	9.60	1052.90	10.80	1058.10	11.00	1058.10	11.00
1063.60	9.60	1056.10	10.90	1062.10	11.20	1062.10	11.20
1067.70	9.70	1059.30	11.10	1066.00	11.30	1066.00	11.30
1071.90	9.70	1062.50	11.30	1070.00	11.40	1070.00	11.50
1076.00	9.70	1065.70	11.40	1073.90	11.60	1073.90	11.70
1080.20	9.70	1068.90	11.60	1077.90	11.80	1077.90	11.90
1084.30	9.70	1072.10	11.80	1081.80	12.00	1081.80	12.10
1088.40	9.80	1075.30	12.00	1085.80	12.20	1085.80	12.40

续表

2月27—28日		5月24—25日		7月26—28日		7月29—30日	
水位	模拟水温	水位	模拟水温	水位	模拟水温	水位	模拟水温
1092.60	9.80	1078.50	12.20	1089.70	12.50	1089.70	12.80
1096.70	9.80	1081.70	12.40	1093.70	12.90	1093.70	13.30
1100.80	9.80	1084.90	12.60	1097.60	13.40	1097.60	15.50
1105.00	9.90	1088.10	12.80	1101.60	15.50	1101.60	17.70
1109.10	9.90	1091.30	13.00	1105.50	17.60	1105.50	18.20
1113.30	9.90	1094.50	13.30	1109.50	18.10	1109.50	18.60
1117.40	10.00	1097.60	13.50	1113.40	18.50	1113.40	18.90
1121.50	10.00	1100.80	13.80	1117.30	18.80	1117.30	19.10
1125.70	10.00	1104.00	14.10	1121.30	19.00	1121.30	19.30
1129.80	10.10	1107.20	14.40	1125.20	19.20	1125.20	19.50
1133.90	10.10	1110.40	14.80	1129.20	19.40	1129.20	19.70
1138.10	10.20	1113.60	15.30	1133.10	19.50	1133.10	19.80
1142.20	10.30	1116.80	15.80	1137.10	19.70	1137.10	20.00
1146.30	10.40	1120.00	17.30	1141.00	19.80	1141.00	20.10
1150.50	10.60	1123.20	18.80	1145.00	20.00	1145.00	20.20
1154.60	11.40	1126.40	19.30	1148.90	20.10	1148.90	20.40
1158.80	11.50	1129.60	19.80	1152.90	20.20	1152.90	20.50
1162.90	11.60	1132.80	20.20	1156.80	20.30	1156.80	20.60
1167.00	11.60	1136.00	20.50	1160.80	20.40	1160.80	20.70
1171.20	11.70	1139.20	20.80	1164.70	20.50	1164.70	20.80
1175.30	11.70	1142.40	21.10	1168.70	20.60	1168.70	20.90
1179.40	11.80	1145.60	21.40	1172.60	20.70	1172.60	21.00
1183.60	11.80	1148.80	21.60	1176.60	20.80	1176.60	21.10
1187.70	11.90	1152.00	21.80	1180.50	20.90	1180.50	21.10
1191.90	11.90	1155.20	22.00	1184.50	21.00	1184.50	21.20
1196.00	11.90	1158.40	22.30	1188.40	21.00	1188.40	21.20

表 4.20 二滩水库李怀恩法垂向水温模拟预测误差统计表

2月27—28日		5月24—25日		7月26—28日		7月29—30日	
水位/m	绝对误差/℃	水位/m	绝对误差/℃	水位/m	绝对误差/℃	水位/m	绝对误差/℃
1030.50	0.30	1030.50	0.50	1030.50	0.30	1030.50	0.50
1034.60	0.30	1033.70	0.40	1034.40	0.20	1034.40	0.30
1038.80	0.30	1036.90	0.20	1038.40	0.10	1038.40	0.20
1042.90	0.20	1040.10	0.10	1042.30	0.00	1042.30	0.10
1047.10	0.20	1043.30	0.00	1046.30	0.10	1046.30	0.00

续表

2月27—28日		5月24—25日		7月26—28日		7月29—30日	
水位/m	绝对误差/℃	水位/m	绝对误差/℃	水位/m	绝对误差/℃	水位/m	绝对误差/℃
1051.20	0.20	1046.50	0.20	1050.20	0.20	1050.20	0.20
1055.30	0.20	1049.70	0.30	1054.20	0.30	1054.20	0.30
1059.50	0.20	1052.90	0.50	1058.10	0.40	1058.10	0.40
1063.60	0.20	1056.10	0.60	1062.10	0.50	1062.10	0.50
1067.70	0.10	1059.30	0.80	1066.00	0.60	1066.00	0.50
1071.90	0.10	1062.50	1.00	1070.00	0.60	1070.00	0.60
1076.00	0.10	1065.70	1.00	1073.90	0.70	1073.90	0.70
1080.20	0.10	1068.90	1.20	1077.90	0.60	1077.90	0.60
1084.30	0.10	1072.10	1.30	1081.80	0.20	1081.80	0.20
1088.40	0.00	1075.30	1.40	1085.80	0.30	1085.80	0.10
1092.60	0.10	1078.50	1.50	1089.70	1.10	1089.70	0.90
1096.70	0.10	1081.70	1.60	1093.70	2.10	1093.70	1.90
1100.80	0.10	1084.90	1.70	1097.60	3.10	1097.60	1.20
1105.00	0.10	1088.10	1.80	1101.60	1.30	1101.60	0.70
1109.10	0.10	1091.30	1.90	1105.50	0.40	1105.50	0.80
1113.30	0.20	1094.50	2.00	1109.50	0.40	1109.50	0.80
1117.40	0.20	1097.60	2.10	1113.40	0.00	1113.40	0.30
1121.50	0.30	1100.80	2.30	1117.30	0.50	1117.30	0.30
1125.70	0.40	1104.00	2.20	1121.30	0.70	1121.30	0.50
1129.80	0.40	1107.20	1.90	1125.20	0.60	1125.20	0.40
1133.90	0.50	1110.40	1.80	1129.20	0.60	1129.20	0.40
1138.10	0.50	1113.60	1.70	1133.10	0.60	1133.10	0.50
1142.20	0.50	1116.80	1.30	1137.10	0.60	1137.10	0.50
1146.30	0.50	1120.00	2.40	1141.00	0.50	1141.00	0.60
1150.50	0.60	1123.20	3.40	1145.00	0.50	1145.00	0.60
1154.60	0.00	1126.40	3.10	1148.90	0.60	1148.90	0.50
1158.80	0.10	1129.60	2.50	1152.90	0.70	1152.90	0.60
1162.90	0.50	1132.80	2.00	1156.80	0.70	1156.80	0.70
1167.00	0.90	1136.00	2.40	1160.80	0.70	1160.80	0.80
1171.20	1.00	1139.20	2.50	1164.70	0.80	1164.70	0.90
1175.30	1.30	1142.40	2.60	1168.70	0.90	1168.70	1.00
1179.40	1.60	1145.60	2.60	1172.60	1.00	1172.60	1.00
1183.60	1.90	1148.80	2.40	1176.60	1.30	1176.60	1.20
1187.70	2.10	1152.00	2.20	1180.50	1.40	1180.50	1.30
1191.90	2.40	1155.20	2.00	1184.50	2.00	1184.50	1.90
1196.00	2.60	1158.40	1.70	1188.40	3.60	1188.40	3.50

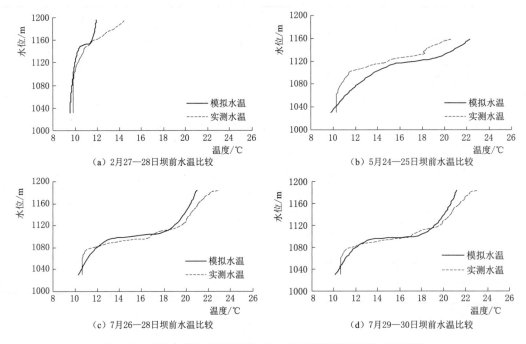

图 4.8　二滩水库各月李怀恩法垂向水温模拟预测与实测比较图

2. 参数取值与公式适用性分析

李怀恩等提出了幂函数型的垂向水温分布公式，通过二滩水库实测水温资料验证取得较好的模拟效果，最大误差为 3.6℃，出现在 7 月库底处，与指数函数法相比最大误差较小，对分层型水库而言最大误差仍然偏大。该公式有 A、B 两个经验参数，反映了水温分层的强弱，分层越大，A 越大。B 值全年取常数。温跃层中心点的水深 h_c 随各月水位变化；温跃层中心点的温度 T_c 需要优选确定。上述参数确定合理，预测结果才能更好地反应水温分层变化的规律，该公式参数具体确定方法参见李怀恩相关文献资料。本次研究中采用参数 A 在 0.4～1.0 之间调试，B 在 1.5～3.0 之间调试，可以达到最佳状态。总的来说，库底水温误差最大，温跃层拟合效果最好，表层居中。

4.2　水库水温解析解模型

理论上，水库水温的对流扩散偏微分方程能够得到其数值解和解析解。数值方法可通过多种计算方式得出其近似解，且计算量大。随着计算能力的增加，数值解得到广泛的应用。解析技术通过整合时间和空间的变化，得到一个单一的代数形式的封闭解。因为数值法不需进行很多简化，而解析解推导比较困难，大多数情况下需要简化才能推导出解析解。目前只有一维或零维解析模型经过很多简化方能求解。解析解公式简明，计算方便，不需迭代计算，可以避免迭代误差。如果简化合理，则解析解模型的理论基础强，求解精度较高，能够方便地嵌入电子表格软件应用程序中，而且能有效地说明河流温度的动态变化，是水温求解的最佳途径。

4.2.1 水库水温一维动态变化模型解析解

1. John R. Yearsley 拉格朗日水温模型

John R. Yearsley 提出的拉格朗日水温模型 [式（1.50）～式（1.60）] 在立面一维河流系统中不考虑对流扩散项，简化为仅是时间的函数，根据平衡温度的概念，通过拉普拉斯变换，可推导出计算水温的拉格朗日模型解析解，见式（1.60）。

2. 模拟验证结果

验证资料为二滩水库 2002—2005 年库表水温实测数据，拉格朗日水温模型模拟验证结果见图 4.9。

3. 模式适应性与参数灵敏度分析

John R. Yearsley 拉格朗日模型解析解 [式（1.60）] 是从不考虑对流扩散项变化的水温常微分方程推导出的平均水温预测公式，适合求解水库库表水温、坝前平均水温和混合型水库的水温预测。其中可调参数主要有一阶速率常数 K（是气象参数和水深的函数）和当空气与水体表面不再发生热交换时水体的平衡温度 T_e。

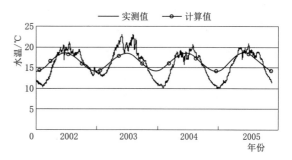

图 4.9　二滩水库 2002—2005 年动态拉格朗日模式计算水温过程与实测水温过程比较图

水体的平衡温度 T_e 是当空气与水体表面的热交换达到平衡时的水温，第 1 章给出了水体的平衡温度 T_e 的两种算法，这里仅采用拉格朗日法 [式（1.59）] 估算平衡温度 T_e，即通过正弦变化的周期 P_Δ 和单位阶跃函数 $u_1(t)$ 确定平衡温度 T_e。二滩水库水温正弦变化的周期 P_Δ 取 365d；单位阶跃函数 $u_1(t)$：$t < 0$ 时取 0，$t > 0$ 时取 1。平均水温 T_{avg} 采用二滩多年平均值 15.9℃。水温的变幅 T_Δ 和一阶速率常数 K 两个参数最敏感，水温的变幅 T_Δ 和一阶速率常数 K 通过优选确定。最佳参数取值：$T_\Delta = 12.8℃$，$K = 0.001688$。

4.2.2 水库水温沿程变化模型解析解

4.2.2.1　O Mohseni 一维热交换水温模型解析解

1. O Mohseni 计算模型

为了研究水体的气温-水温关系，O Mohseni et al. 根据一维热交换模型和平衡温度的概念 [式（1.38）～式（1.49）]，从一维对流方程推导出了水温 T 的解析解模型 [式（1.47）]，可计算水库或河流的水温沿程变化，适合混合型水温结构的水库。

2. 模拟验证

采用一维 O Mohseni 一维热交换水温模型解析解（以下简称 OM 模型）模拟二滩水库 2006 年 1—12 月的沿程水温，本节仅列出了 2006 年 5 月 24—25 日和 2006 年 7 月 26—28 日两次水库平均水温的误差统计表（表 4.21 和表 4.22），图 4.10 和图 4.11 是计算水温与实测水温的对比图。

表 4.21　　　　　　2006 年 5 月 24—25 日二滩水库水温模拟值与误差统计表

沿程断面号	沿程距离/m	计算水温/℃	绝对误差/℃	相对误差/%
1	700	20.6	−0.9	−4.17
2	14000	20.67	−0.73	−3.4
3	18400	20.7	0.1	0.47
4	19500	20.7	−2	−8.8
5	21300	20.71	−0.89	−4.1
6	31600	20.78	−1.22	−5.56
7	40400	20.83	−1.17	−5.3
8	58500	20.97	0.77	3.79
9	69900	21.06	1.86	9.69
10	75200	21.11	2.61	14.09
11	85300	21.2	2.7	14.6
12	96600	21.32	2.82	15.23
13	112500	21.5	3	16.22

表 4.22　　　　　　2006 年 7 月 26—28 日二滩水库水温模拟值与误差统计表

沿程断面号	沿程距离/m	计算水温/℃	绝对误差/℃	相对误差
1	700	23.84	−1.16	−4.62
2	14000	23.85	−3.85	−13.89
3	18400	23.85	−4.55	−16.01
4	19500	23.85	−4.15	−14.81
5	21300	23.85	−3.95	−14.19
6	31600	23.86	−1.24	−4.94
7	40400	23.86	−0.34	−1.39
8	58500	23.87	−0.83	−3.35
9	69900	23.88	1.68	7.56
10	75200	23.88	2.98	14.27
11	85300	23.89	3.39	16.52
12	96600	23.89	3.69	18.28
13	112500	23.9	3.8	18.91

3. 模型适应性与参数灵敏度分析

OM 模型理论基础较好，仅有 2 个可调参数，需要输入信息较少，误差不大，适合水库、河流沿程演算，并能够给出不同断面的水温沿程动态预测，上游水温取随时间变化的入库水温，该模型能够给出不同断面的水温沿程动态预测过程，是一种适应于库表水温的预测方法。

OM 模型包含 2 个参数，一个是水体的平衡温度 T_e，反映了空气与水体表面的热交

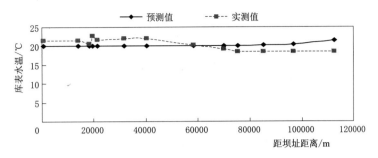

图 4.10　2006 年 5 月 24—25 日二滩水库 OM 模型计算水温与实测水温比较图

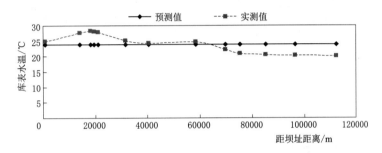

图 4.11　2006 年 7 月 26—28 日二滩水库 OM 模型计算水温与实测水温比较图

换达到平衡时的水体平衡温度；另一个是 K，反映热交换的容积系数，与气温、露点温度及风速等气象要素有关。这两个参数都很敏感，平衡温度 T_e 接近沿程库表水温均值，可通过调试确定。热交换的容积系数 $K = x/(q\rho_w C_w)$，其中，x 为沿水流方向的距离（m），q 为单宽流量（m^2/s），ρ_w 为水的密度（kg/m^3），C_w 为水的比热 [$J/(kg\cdot℃)$]，因为水的密度和水的比热的量纲较大，达到 10^6 量级，因此，K 取值也达到 $10^3\sim10^6$。参数灵敏度分析见表 4.23。

表 4.23　　　　　　　　参 数 灵 敏 度 分 析 表

T_e/℃	K	5月温度绝对误差平均值/℃
20.0	0.24×10^5	1.598
20.0	0.24×10^4	1.465
20.0	0.24×10^6	1.613
19.0	0.24×10^5	1.683
21.0	0.24×10^5	2.239
T_e/℃	K	7月温度绝对误差平均值/℃
22.0	0.24×10^3	2.716
22.0	0.24×10^4	2.739
22.0	0.24×10^2	2.715
21.0	0.24×10^3	3.223
23.0	0.24×10^3	2.962

从表 4.28 可知，参数 T_e 比参数 K 灵敏，两参数目标值都是单峰形态。5 月和 7 月 T_e 分别为 20.0℃、22.0℃，相应 K 取值分别为 0.24×10^5、0.24×10^3。表层水温预测最大误差不大于 3.0℃。

一般而言，入流水温对水库水温的影响是从库尾至坝址逐渐减小，OM 模型仅考虑了入流水温和流量对水库表层水温的影响，没有考虑太阳辐射和气温对水库表层水温影响，因此，水温计算结果是从库尾至坝址沿程减小。

4.2.2.2　Michael L. Deas 完全混合型水库水温模型解析解

1. 完全混合型水库一维对流水温模型

Michael L. Deas et al. 提出的完全混合型水库一维对流水温模型及其解析解 [式 (1.61)～式 (1.65)]（以下简称 MLD 法），是将一维水温对流扩散方程简化为一维对流热交换水温方程，引入平衡温度求得解析解 [式 (1.65)]。

2. 模拟验证

根据 Michael L. Deas et al. 提出的完全混合型水库一维对流水温模型模拟二滩水库 2006 年 3—12 月沿程水温动态变化过程，本节仅列出了 2006 年 5 月 24—25 日和 2006 年 7 月 26—28 日两次水库平均水温的误差统计表（表 4.24 和表 4.25），图 4.12 和图 4.13 是计算水温与实测结果的对比图。

表 4.24　　　　　　2006 年 5 月 24—25 日二滩计算水温与误差统计表

沿程断面号	沿程距离/m	计算水温/℃	绝对误差/℃	相对误差/%
1	700	22.52	1.02	4.75
2	14000	21.33	−0.07	−0.31
3	18400	21.2	0.6	2.94
4	19500	21.16	−1.54	−6.79
5	21300	21.11	−0.49	−2.29
6	31600	20.75	−1.25	−5.7
7	40400	20.57	−1.43	−6.5
8	58500	19.91	−0.29	−1.42
9	69900	20.49	1.29	6.72
10	75200	20.44	1.94	10.49
11	85300	19.85	1.35	7.32
12	96600	19.01	0.51	2.78
13	112500	17.4	−1.1	−5.95

表 4.25　　　　　　2006 年 7 月 26—28 日二滩预测水温与误差统计表

沿程断面号	沿程距离/m	计算水温/℃	绝对误差/℃	相对误差/%
1	700	27.8	2.8	11.06
2	14000	25.5	−2.2	−7.97
3	18400	25.2	−3.2	−11.23

沿程断面号	沿程距离/m	计算水温/℃	绝对误差/℃	相对误差/%
4	19500	25.2	−2.9	−10.17
5	21300	25.1	−2.7	−9.84
6	31600	24.2	−0.9	−3.59
7	40400	23.6	−0.6	−2.64
8	58500	22.3	−2.4	−9.83
9	69900	21.6	−0.6	−2.88
10	75200	21.2	0.3	1.49
11	85300	21.0	0.5	2.36
12	96600	20.7	0.5	2.67
13	112500	20.4	0.3	1.49

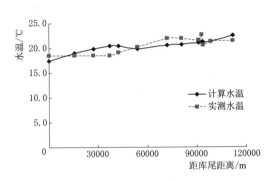

图 4.12　2006 年 5 月 24—25 日二滩水库
MLD 法计算水温与实测水温比较图

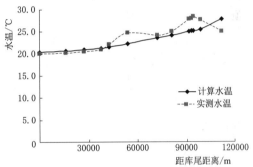

图 4.13　2006 年 7 月 26—28 日二滩水库
MLD 法计算水温与实测水温比较图

3. 模式适应性与参数灵敏度分析

根据表 4.28～表 4.29，5 月 24—25 日的最大绝对误差为 1.94℃，最大相对误差为 10.49%，发生在第 10 断面。2006 年 7 月 26—28 日最大绝对误差为 3.2℃，最大相对误差为 11.23%，发生在第 3 断面处。

完全混合型水库一维对流水温模型 MLD 不能很好地描述系统的非均匀性，但性质不同的各种水箱模型可组合成一个大的非均匀系统以弥补其不足。采用一维对流水温模型 MLD 的解析解预测水库水温沿程变化时，可将模拟系统划分成多个串联的完全混合型水箱来解决水库水温系统的非均匀性。

4.2.2.3　JI Shun‐Wen 不考虑热源项一维垂向水温对流扩散方程解析解

1. 模型解析解

JI Shun‐Wen 不考虑热源项立面一维垂向水温方程解析解参见式（1.77）～式（1.80），JI Shun‐Wen 先假设 T 可表达为与气温相关的指数函数［式（1.78）］，将不考虑热源项一维垂向水温对流扩散方程通过平衡温度 $T_e = T_a + T_b \cos wt$（$z=0$，$t \geqslant 0$）求出一维垂向水温方程解析解。

2. 模拟验证

根据 JI Shun-Wen 一维垂向水温解析解模拟二滩水库 2006 年 10 月至 2007 年 9 月垂向水温,并与实测值进行对比,具体见图 4.14。

3. 模型误差与适应性分析

图 4.14 显示了 JI Shun-Wen 一维垂向水温分布预测模式对二滩水库 2006 年 10 月至 2007 年 9 月坝前水温的模拟计算结果和实测水温的比较,具体误差统计结果见表 4.26。

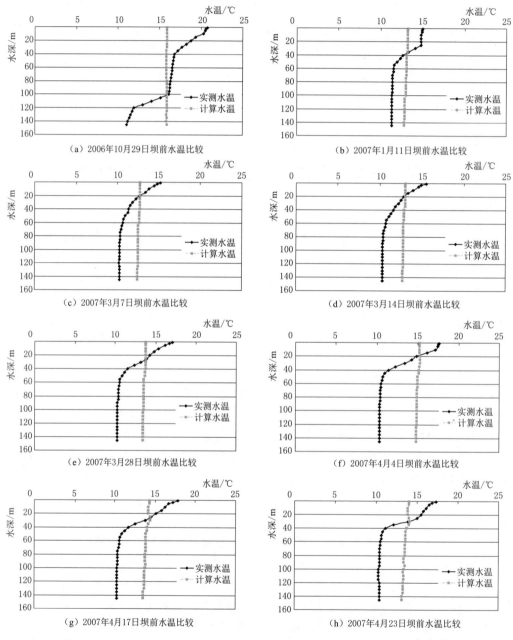

图 4.14 (一) 2006 年 10 月至 2007 年 10 月坝前计算水温与实测水温比较图

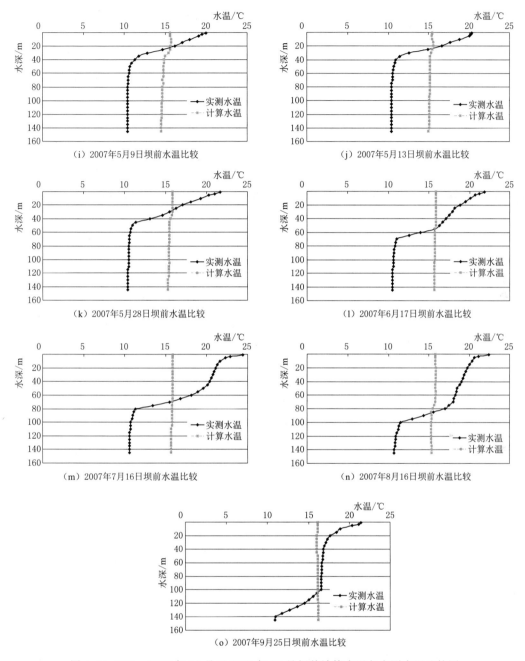

图 4.14（二） 2006 年 10 月至 2007 年 10 月坝前计算水温与实测水温比较图

由表 4.26 可知，该模型计算的坝前水温与实测水温的最大绝对误差发生在 2007 年 6 月 17 日和 2007 年 9 月 25 日，为 5.2℃；最大相对误差为 49.7％，发生在 2007 年 6 月 17 日。最小绝对误差为 1.7℃，最小相对误差为 14.5％，发生在 2007 年 1 月 11 日。一维 JI Shun-Wen 垂向水温分布预测模型对二滩水库 2007 年垂向水温预测效果欠佳，适应性较差。

表 4. 26　　　　　　　　　　　　二滩水库坝前水温模拟误差统计表

时间	2006 年	2007 年													
	10 月 29 日	1 月 11 日	3 月 7 日	3 月 14 日	3 月 28 日	4 月 4 日	4 月 17 日	4 月 23 日	5 月 9 日	5 月 13 日	5 月 28 日	6 月 17 日	7 月 16 日	8 月 16 日	9 月 25 日
最大绝对误差 /℃	4.8	1.7	2.3	2.5	3.3	4.6	3.5	3.1	4.3	4.8	5	5.2	5.1	4.7	5.2
最大相对误差 /%	43.73	14.5	22.7	24.4	31.7	44.5	33.9	30.1	41.5	45.8	47.7	49.7	48.6	44.3	47.7

第 5 章

水库水温经验回归模型的改进与分析

5.1 库表水温动态过程回归模型的改进

5.1.1 武汉大学李兰课题组改进的余弦函数公式

武汉大学李兰课题组在余弦函数公式（1.100）基础上考虑水温对气温延迟的相位差，改进了库表水温余弦函数，改进后的公式如下：

$$T(t) = A_1 - \alpha A_0 \cos[\omega(t-\tau)] \tag{5.1}$$

式中：$T(t)$ ——日或月平均水温（℃）；

$\quad\quad t$ ——日或月平均水温对应的时间（日或月）；

$\quad\quad \omega$ ——$2\pi/P$，P 为周期；

$\quad\quad A_1$ ——多年平均水温（℃）；

$\quad\quad A_0$ ——水温年变幅（℃）；

$\quad\quad \alpha$ ——水温振幅系数；

$\quad\quad \tau$ ——水温随时间变化的相位差。

5.1.2 改进公式验证与分析

5.1.2.1 改进公式模拟验证

根据二滩水库 2002—2005 年 4 年水库表层水温逐日变化实测过程和月过程对改进公式进行模拟验证。

1. 二滩水库日表层平均水温模拟

采用武汉大学李兰课题组改进的余弦函数公式（5.1）对二滩水库 2002—2005 年实测表层逐日水温资料进行模拟验证，验证结果见图 5.1 和表 5.1。

表 5.1　　二滩水库 2002—2005 年水温日变化模拟过程的年平均误差统计表

年份	2002	2003	2004	2005
日水温年平均误差/℃	0.8	0.8	0.7	0.7

从表 5.1 中可以看出，2002 年和 2003 年日水温年平均误差均为 0.8℃，2004 年和 2005 年日水温年平均误差均为 0.7℃，说明改进的余弦函数公式（5.1）能很好地模拟二

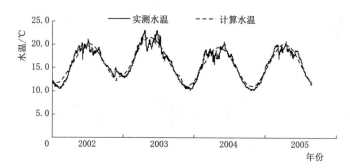

图 5.1　二滩水库 2002—2005 年逐日水温模拟和实测图

滩水库日水温过程。

从逐日水温预测过程可知，改进的余弦函数公式（5.1）计算的水温最大绝对误差为 4.8℃，模拟结果中小于 2℃的合格率达到 77%。受 2002 年冬季和 2003 年夏季受气温反常影响，模拟计算水温较高，与正常年份冬季水温相比实测水温变化相差较大。另外，公式（5.1）中的 A_1、A_0 分别为多年平均水温、水温年变幅，没有考虑特殊年份气温的影响，使水温振幅平坦化。这两方面是导致预测误差的主要原因。

2. 二滩水库月表层平均水温动态模拟实例

为了验证改进公式对月水温的适应性，对二滩水库 2002—2005 年逐月平均库表水温过程进行模拟验证，二滩水库 2002—2005 年逐月平均库表水温模拟结果见图 5.2，相应误差统计见表 5.2。

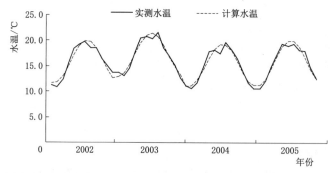

图 5.2　二滩水库 2002—2005 年逐月平均库表水温模拟和实测图

表 5.2　　　　　　二滩水库 2002—2005 年水温逐月模拟过程的误差统计表

	月份	1	2	3	4	5	6
2002 年	误差	0.4	1.1	0.7	0.5	1.2	0.2
	月份	7	8	9	10	11	12
	误差	0.1	1.2	0.1	0.1	0.7	1.2
2003 年	月份	1	2	3	4	5	6
	误差	0.8	0.6	0.7	0.2	0.9	0.2
	月份	7	8	9	10	11	12
	误差	1.1	0.8	0.5	0.2	0.3	0.7

	月份	1	2	3	4	5	6
2004 年	误差	0.2	0.5	0.6	0.6	1.5	0.2
	月份	7	8	9	10	11	12
	误差	1.8	0.5	0.3	0.5	0.2	0.2
2005 年	月份	1	2	3	4	5	6
	误差	0.6	0.6	0.3	0.5	0.5	0.6
	月份	7	8	9	10	11	12
	误差	1.0	0.6	0.7	1.2	0.3	0.1

从表 5.2 可知，月平均水温最大误差为 1.8℃。模拟结果误差小于 1℃合格率达到 81.3%。

5.1.3 改进公式参数灵敏度分析

改进的余弦函数公式（5.1）有 2 个参数，即水温振幅系数 α 和水温变化相位差 τ，α 取值不同，水温振幅随之变化，当 α 变大，水温在年内变化范围明显大于实测水温；当 α 变小，水温在年内变化范围明显低于实测水温。α 和 τ 的取值可根据年份的不同通过调参来确定。根据二滩水库 4 年库表水温日平均值和库表水温月平均值的实测过程优选了武汉大学李兰课题组改进的余弦函数［式（5.1）］的参数，总结出：α 取值一般在 0.2～0.3，τ 取值在 0.8～1.5。

5.1.4 改进公式适用条件分析

改进的余弦函数公式（5.1）具有结构简单（仅 2 个参数），计算方便，需求资料少，与实测值吻合效果较好等特点。该公式适合于日、月平均水温过程模拟预测，水温可以是库表水温，或者是混合型水库的垂向平均水温。推广应用时还需根据不同水库水温分层结构类型和更多实测资料优选参数，进一步总结参数取值范围，无资料的待建水库可采用类比水库实测资料确定参数。

5.2 改进的库表水温与气温相关关系

5.2.1 改进的水温-气温线性回归模型

根据二滩水库建库前的攀枝花月平均气温和水温资料（晓得水文站）进行线性回归分析，得出二滩水库气温-水温的经验回归关系式为 $T_s = 0.7902T_a - 3.1929$，其相关系数高达到 0.9，说明二滩水库建库前的气温和水温具有很好的正相关关系。

5.2.2 模拟误差分析

为了进一步验证一元线性回归模式的可行性，利用图 5.3 中的线性回归公式对二滩水库建库后 4 年的气温资料进行水温模拟预测，建库后回归模型预测水温与实测水温过程线对比见图 5.4，两者误差见表 5.3。

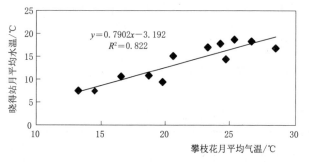

图 5.3 二滩水库建库前气温与水温的 变化关系图

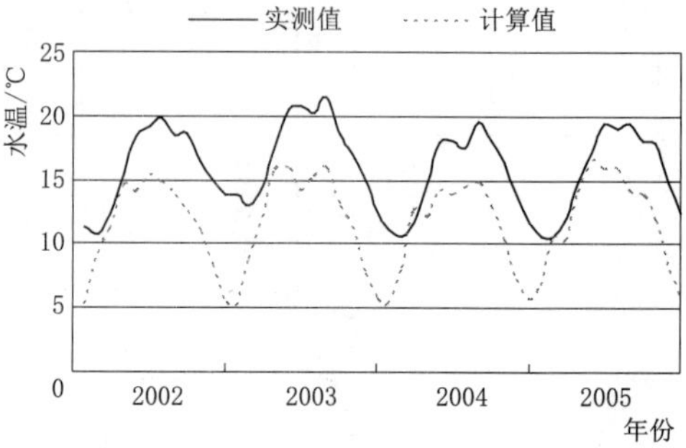

图 5.4 二滩水库建库后回归模型模拟预测 月平均水温与实测月平均水温过程线对比图

表 5.3　　　　二滩水库建库后模拟预测月平均水温与实测月平均水温误差统计表

月份（2002 年）	1	2	3	4	5	6	7	8	9	10	11	12
预测值/℃	5.3	9.3	11.1	14.6	14.0	15.4	14.7	13.9	12.6	11.0	8.4	5.4
绝对误差/℃	6.0	1.5	1.3	0.9	4.4	3.8	5.1	4.6	6.0	5.5	6.7	8.4
相对误差/%	52.7	14.0	10.4	5.9	24.2	19.9	25.5	25.0	32.2	33.1	44.2	60.7
特征误差	最大误差		12 月	60.7%	最小误差		4 月	5.9%	平均误差		29.0%	
月份（2003 年）	1	2	3	4	5	6	7	8	9	10	11	12
预测值/℃	5.2	8.9	12.1	15.8	15.9	14.1	15.2	15.9	13.1	11.3	7.8	5.7
绝对误差/℃	8.6	4.2	2.5	1.9	4.6	6.7	5.1	5.6	5.5	5.8	7.3	7.0
相对误差/%	62.4	32.1	16.9	10.9	22.7	32.2	25.0	25.9	29.6	33.6	48.4	55.5
特征误差	最大误差		1 月	62.4%	最小误差		4 月	10.9%	平均误差		32.9%	
月份（2004 年）	1	2	3	4	5	6	7	8	9	10	11	12
预测值/℃	5.3	8.2	12.7	12.1	14.2	13.9	14.3	14.8	13.1	10.3	7.3	5.7
绝对误差/℃	5.8	2.4	1.0	2.7	3.7	4.2	3.2	4.8	5.1	6.2	6.7	6.0
相对误差/%	51.9	22.8	8.5	18.0	20.7	23.3	18.0	24.4	28.1	37.5	47.7	51.0
特征误差	最大误差		1 月	51.9%	最小误差		3 月	8.5%	平均误差		29.3%	
月份（2005 年）	1	2	3	4	5	6	7	8	9	10	11	12
预测值/℃	6.8	10.5	10.3	14.1	16.6	15.9	15.9	14.2	13.8	11.9	8.0	5.8
绝对误差/℃	3.8	0.1	1.8	0.8	0.6	3.5	3.1	5.2	4.3	6.1	6.8	6.7
相对误差/%	36.2	1.2	14.7	5.3	3.2	17.9	16.6	26.8	23.8	33.9	45.8	53.5
特征误差	最大误差		12 月	53.5%	最小误差		2 月	1.2%	平均误差		23.2%	

由表 5.3 可以看出，建库前的气温与水温一元线性回归模型用于预测建库后坝前表层水温预测时，由于没有考虑水库建坝壅水、水面扩大、蓄热能力增强和水流变缓的影响，水库水温进入夏季蓄热功能增强很多，冬季散热较慢，水库水温整体太高，预测值与实测值之间存在较大的系统偏差，因此需要对水库水温预测模型进行改进。

5.2.3 改进的气温-水温一元线性回归模型

由图 5.3 中气温-水温一元线性回归关系计算的库表水温与气温关系曲线见图 5.4，从图 5.4 可看出模拟预测的水温和实测水温变化趋势基本一致，由于建库壅水、水面扩大、受热条件和水流条件的改变，使得通过气温预测的二滩水库坝前月平均表层水温与建库后实测月平均表层水温存在系统偏差，根据观测月平均表层水温资料分析，表层水温偏差幅度平均为 4.44℃。

武汉大学李兰课题组改进的气温-水温一元线性回归模型：将二滩水库建库后的线性回归公式在 $T_s = 0.7902T_a - 3.1929$ 基础上加上水温偏差幅度（4.44℃），得到建库后二滩水库水温预测模型公式为 $T_z = 0.7902T_a + 1.2071$。改进后二滩水库水温预测表达式的通用公式为

$$T_z = aT_a + b + \Delta T \qquad (5.2)$$

式中 a、b——建库前气温-水温一元线性回归公式的截距和系数；

ΔT——建库后与建库前的水温偏差变幅，具体可通过具有实测资料的类比库确定。

5.2.4 误差分析

武汉大学李兰课题组采用改进的二滩气温与水温一元线性回归公式（5.2）模拟计算的库表水温过程线，并与实测库表水温过程线对比，具体见图 5.5、表 5.4 和表 5.5。

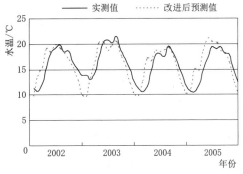

图 5.5 改进的气温-水温一元线性回归模型模拟预测水温与实测水温过程线对比图

表 5.4 改进的气温-水温一元线性回归模型模拟预测水温结果

月份（2002 年）	1	2	3	4	5	6	7	8	9	10	11	12
预测值/℃	9.8	13.7	15.5	19	18.4	19.8	19.2	18.3	17.1	15.5	12.9	9.9
月份（2003 年）	1	2	3	4	5	6	7	8	9	10	11	12
预测值/℃	9.6	13.3	16.6	20.2	20.3	18.6	19.7	20.4	17.5	15.8	12.2	10.1
月份（2004 年）	1	2	3	4	5	6	7	8	9	10	11	12
预测值/℃	9.8	12.6	17.1	16.6	18.6	18.3	18.8	19.3	17.5	14.8	11.8	10.2
月份（2005 年）	1	2	3	4	5	6	7	8	9	10	11	12
预测值/℃	11.2	14.9	14.8	18.6	21.1	20.4	20.3	18.6	18.2	16.3	12.5	10.3

表 5.5 改进公式模拟预测水温误差统计表

月份（2002 年）	1	2	3	4	5	6	7	8	9	10	11	12
绝对误差/℃	1.5	2.9	3.1	3.5	0	0.6	0.6	0.2	1.5	1	2.2	3.9
月份（2003 年）	1	2	3	4	5	6	7	8	9	10	11	12
绝对误差/℃	4.2	0.2	2	2.5	0.2	2.2	0.6	1.1	1.1	1.3	2.9	2.6
月份（2004 年）	1	2	3	4	5	6	7	8	9	10	11	12
绝对误差/℃	1.3	2	5.4	1.8	0.7	0.2	1.3	0.3	0.7	1.7	2.2	1.5
月份（2005 年）	1	2	3	4	5	6	7	8	9	10	11	12
绝对误差/℃	0.6	4.3	2.7	3.7	3.9	1	1.3	0.8	0.1	1.7	2.3	2.2

从图 5.5 中可以看出，改进的水温气温线性回归模型公式（5.2）模拟计算库表水温和实测水温的趋势基本符合，模拟预测的月平均表层水温值与实测月平均表层水温值相近，平均绝对误差为 1.78℃，比改进前的平均绝对误差 4.45℃减少了 60%。

5.3 水库水温沿程变化半经验半理论模型

5.3.1 李兰库表沿程水温非线性指数函数公式

总结沿程水温公式理论，一致认为水库水温沿程变化与入流水温、水流流速和气温关系密切，入流水温按照沿程距离衰减，水温变幅与气温具有非线性关系，因此，李兰提出如下库表沿程水温非线性指数函数公式：

$$T_s(x) = T_i e^{-K\frac{x}{u}} + \alpha T_a^\beta \tag{5.3}$$

式中：$T_s(x)$——库表水温；

T_i——入流水温；

u——沿程流速；

x——距坝址距离；

T_a——气温；

T_s——表层水温（℃）；

K、α、β——参数。

5.3.2 改进公式验证与分析

为了验证公式（5.3）的可行性，采用二滩水库 2006 年实测水温、气温、入流水温资料与流速的计算成果对公式进行验证，结果见表 5.6、图 5.6 和图 5.7。

从计算结果可看出，改进公式（5.3）对二滩水库 5 月的模拟效果较好，绝对误差基本均在 1.1℃以下，相对误差在 5%以下；7 月的模拟误差在 0.9～3.5℃范围内，7 月模拟精度稍差。李兰库表沿程水温非线性指数函数公式是一种半经验半理论公式，适合库表水温或混合水库的月平均水温预测，其参数可以通过类比库实测资料优选获得。该算法只需知道气温、入流水温就可以预测库表水温或混合水库的月平均水温的沿程分布。各个气象

表 5.6　　　二滩水库库表沿程水温采用李兰沿程水温非线性指数
函数公式模拟计算结果与误差统计

5月			7月		
距坝址距离/m	模拟计算值/℃	绝对误差/℃	距坝址距离/m	计算值/℃	绝对误差/℃
700	22.1	0.6	700	27.8	2.8
14000	21.7	0.3	14000	25.5	2.2
18400	21.6	1	18400	24.9	3.5
19500	21.6	1.1	19500	24.7	3.3
21300	21.6	0	21300	24.5	3.3
31600	21.3	0.7	31600	23.8	1.3
40400	21.1	0.9	40400	23.3	0.9
58500	20.7	0.5	58500	23.2	1.5
69900	19.2	0	75200	24.3	3.4
75200	18.7	0.2	85300	24	3.5
			96600	23.6	3.4
			112500	23.1	3

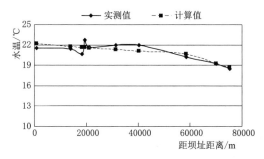

图 5.6　二滩水库5月表层水温沿程变化
模拟计算与实测对比图　　　图 5.7　二滩水库7月表层水温沿程变化
模拟计算与实测对比图

台都有气温实测值和统计值；入流水温可用上游水文站的河流水温实测资料推出，这些都是比较容易获得的资料。

5.4　水库水温垂向分布半经验半理论模型

5.4.1　李兰垂向水温指数函数公式

垂向水温受表层水温和辐射、出流综合影响，为了简化水温预测对过多资料的需求，本书在总结国内外垂向水温理论公式和经验公式的基础上，提出如下垂向水温半经验半理论的指数函数公式：

$$T(z) = T_s \exp\left(-\eta z - V_z z \frac{D}{2}\right) + \frac{T_b}{f + c \exp(bz)} \tag{5.4}$$

式中：$T(z)$——水深 z 处的水温（℃）；

z——水深（m）；

V_z——垂向流速（m/s）；

η——热衰减系数；

T_s——表层水温（℃）；

D——垂向扩散系数；

T_b、b、c、f——经验参数。

5.4.2 公式验证与分析

采用二滩水库 2007 年 2 月、5 月、7 月的实测资料对垂向水温指数函数公式（5.4）进行验证，验证结果见表 5.7 和表 5.8 和图 5.8：

表 5.7　　　　　　　　　　　二滩水库垂向水温模拟结果　　　　水位单位：m；水温单位：℃

2月27—28日		5月24—25日		7月26—28日		7月29—30日	
水位	模拟水温	水位	模拟水温	水位	模拟水温	水位	模拟水温
1030.50	9.80	1030.50	10.10	1030.50	9.70	1030.50	10.10
1034.60	9.80	1033.70	10.10	1034.40	9.70	1034.40	10.20
1038.80	9.80	1036.90	10.10	1038.40	9.90	1038.40	10.30
1042.90	9.80	1040.10	10.10	1042.30	10.10	1042.30	10.40
1047.10	9.80	1043.30	10.20	1046.30	10.30	1046.30	10.60
1051.20	9.80	1046.50	10.20	1050.20	10.60	1050.20	10.70
1055.30	9.80	1049.70	10.20	1054.20	10.80	1054.20	10.80
1059.50	9.80	1052.90	10.30	1058.10	11.00	1058.10	11.00
1063.60	9.80	1056.10	10.30	1062.10	11.20	1062.10	11.20
1067.70	9.80	1059.30	10.30	1066.00	11.50	1066.00	11.40
1071.90	9.80	1062.50	10.40	1070.00	11.70	1070.00	11.60
1076.00	9.80	1065.70	10.50	1073.90	12.00	1073.90	11.90
1080.20	9.80	1068.90	10.50	1077.90	12.20	1077.90	12.30
1084.30	9.80	1072.10	10.60	1081.80	12.50	1081.80	12.90
1088.40	9.80	1075.30	10.70	1085.80	12.80	1085.80	13.60
1092.60	9.90	1078.50	10.70	1089.70	13.50	1089.70	15.00
1096.70	9.90	1081.70	10.80	1093.70	15.00	1093.70	16.30
1100.80	10.00	1084.90	11.00	1097.60	16.50	1097.60	17.00
1105.00	10.00	1088.10	11.10	1101.60	17.10	1101.60	17.60
1109.10	10.10	1091.30	11.20	1105.50	17.40	1105.50	18.10
1113.30	10.20	1094.50	11.40	1109.50	17.70	1109.50	18.50

续表

2月27—28日		5月24—25日		7月26—28日		7月29—30日	
水位	模拟水温	水位	模拟水温	水位	模拟水温	水位	模拟水温
1117.40	10.30	1097.60	11.60	1113.40	18.00	1113.40	18.80
1121.50	10.40	1100.80	11.80	1117.30	18.30	1117.30	19.10
1125.70	10.50	1104.00	12.00	1121.30	18.60	1121.30	19.40
1129.80	10.70	1107.20	12.30	1125.20	18.80	1125.20	19.60
1133.90	10.80	1110.40	12.60	1129.20	19.20	1129.20	20.00
1138.10	10.90	1113.60	13.50	1133.10	19.30	1133.10	20.30
1142.20	11.00	1116.80	14.60	1137.10	19.50	1137.10	20.50
1146.30	11.30	1120.00	15.00	1141.00	19.80	1141.00	20.70
1150.50	11.50	1123.20	15.70	1145.00	20.20	1145.00	20.90
1154.60	11.70	1126.40	16.50	1148.90	20.50	1148.90	21.10
1158.80	12.00	1129.60	17.00	1152.90	20.90	1152.90	21.40
1162.90	12.30	1132.80	17.50	1156.80	21.60	1156.80	21.60
1167.00	12.60	1136.00	18.00	1160.80	21.60	1160.80	21.80
1171.20	12.90	1139.20	18.50	1164.70	22.00	1164.70	22.00
1175.30	13.20	1142.40	18.80	1168.70	22.40	1168.70	22.20
1179.40	13.60	1145.60	19.00	1172.60	22.80	1172.60	22.50
1183.60	14.00	1148.80	19.10	1176.60	23.20	1176.60	22.70
1187.70	14.40	1152.00	19.30	1180.50	23.60	1180.50	23.00
1191.90	14.80	1155.20	19.90	1184.50	24.00	1184.50	23.20
1196.00	13.90	1158.40	21.00	1188.40	24.40	1188.40	23.20

表 5.8　　　　　　　　　　　二滩水库垂向水温模拟统计表　　　　水位单位：m；误差单位：℃

2月27—28日		5月24—25日		7月26—28日		7月29—30日	
水位	绝对误差	水位	绝对误差	水位	绝对误差	水位	绝对误差
1030.50	0.00	1030.50	0.20	1030.50	0.90	1030.50	0.50
1034.60	0.00	1033.70	0.20	1034.40	0.90	1034.40	0.40
1038.80	0.00	1036.90	0.20	1038.40	0.70	1038.40	0.30
1042.90	0.00	1040.10	0.20	1042.30	0.50	1042.30	0.20
1047.10	0.00	1043.30	0.10	1046.30	0.30	1046.30	0.00
1051.20	0.00	1046.50	0.10	1050.20	0.00	1050.20	0.10
1055.30	0.00	1049.70	0.10	1054.20	0.20	1054.20	0.20
1059.50	0.00	1052.90	0.00	1058.10	0.40	1058.10	0.40
1063.60	0.00	1056.10	0.00	1062.10	0.50	1062.10	0.50
1067.70	0.00	1059.30	0.00	1066.00	0.80	1066.00	0.60

续表

2月27—28日		5月24—25日		7月26—28日		7月29—30日	
水位	绝对误差	水位	绝对误差	水位	绝对误差	水位	绝对误差
1071.90	0.00	1062.50	0.10	1070.00	0.90	1070.00	0.70
1076.00	0.00	1065.70	0.10	1073.90	1.10	1073.90	0.90
1080.20	0.00	1068.90	0.10	1077.90	1.00	1077.90	1.00
1084.30	0.00	1072.10	0.10	1081.80	0.70	1081.80	1.00
1088.40	0.00	1075.30	0.10	1085.80	0.30	1085.80	1.10
1092.60	0.00	1078.50	0.00	1089.70	0.10	1089.70	1.30
1096.70	0.00	1081.70	0.00	1093.70	0.00	1093.70	1.10
1100.80	0.10	1084.90	0.10	1097.60	0.00	1097.60	0.30
1105.00	0.00	1088.10	0.10	1101.60	0.30	1101.60	0.60
1109.10	0.10	1091.30	0.10	1105.50	0.20	1105.50	0.70
1113.30	0.10	1094.50	0.10	1109.50	0.00	1109.50	0.70
1117.40	0.10	1097.60	0.20	1113.40	0.50	1113.40	0.20
1121.50	0.10	1100.80	0.30	1117.30	1.00	1117.30	0.30
1125.70	0.10	1104.00	0.10	1121.30	1.10	1121.30	0.40
1129.80	0.20	1107.20	0.20	1125.20	1.00	1125.20	0.30
1133.90	0.20	1110.40	0.40	1129.20	0.80	1129.20	0.10
1138.10	0.20	1113.60	0.10	1133.10	0.80	1133.10	0.00
1142.20	0.20	1116.80	0.10	1137.10	0.80	1137.10	0.00
1146.30	0.40	1120.00	0.10	1141.00	0.60	1141.00	0.00
1150.50	0.30	1123.20	0.30	1145.00	0.30	1145.00	0.10
1154.60	0.30	1126.40	0.30	1148.90	0.20	1148.90	0.20
1158.80	0.40	1129.60	0.30	1152.90	0.00	1152.90	0.30
1162.90	0.20	1132.80	0.70	1156.80	0.20	1156.80	0.30
1167.00	0.10	1136.00	0.10	1160.80	0.50	1160.80	0.30
1171.20	0.20	1139.20	0.20	1164.70	0.70	1164.70	0.30
1175.30	0.20	1142.40	0.30	1168.70	0.90	1168.70	0.30
1179.40	0.20	1145.60	0.20	1172.60	1.10	1172.60	0.50
1183.60	0.30	1148.80	0.10	1176.60	1.10	1176.60	0.40
1187.70	0.40	1152.00	0.30	1180.50	1.30	1180.50	0.60
1191.90	0.50	1155.20	0.10	1184.50	1.00	1184.50	0.10
1196.00	0.60	1158.40	0.40	1188.40	0.20	1188.40	1.50

从表 5.7 和表 5.8 及图 5.8 可以看出:

(1) 2月底水温处于上升期,水库开始形成分层状态,表层水温变化较快,因此同温

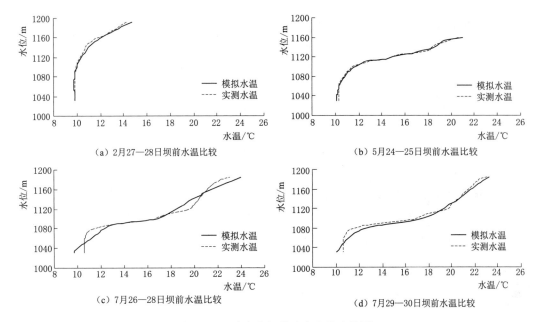

图 5.8　二滩水库坝前垂向水温比较图

层较薄，且温跃层温度变幅不大。最大误差出现在温跃层，达到 0.7℃。式（5.4）对 2 月垂向水温模拟效果较好，误差绝对值平均为 0.13℃ 以下。

（2）5 月下旬模拟效果较好，误差绝对值最大值为 0.7℃，出现在水面以下 102.3m 处，误差绝对值平均为 0.17℃。

（3）7 月气温升高和太阳辐射量的增加，导致水库表层水体吸收大量热能，使表层水温迅速升高，水温分层比较明显。表层和底层的模拟误差偏大，最大误差为 1.5℃，出现在 7 月 29—30 日的水库库底。7 月 26—28 日水库底层垂向 1.8m 范围内出现较大误差，绝对误差为 1.0～1.3℃，这期间平均误差为 0.58℃。7 月 29—30 日较大误差发生在水下 40～65m 跃温层范围，平均绝对误差为 0.46℃。

5.4.3　公式参数灵敏度分析

式（5.4）能够很好地模拟各种季节的水温垂向分布，能够描述各月水温垂向的不同分层规律。公式有 6 个参数：热衰减系数 η、垂向扩散系数 D 和经验系数 T_b、b、c、f，其中 T_b、b、c、f 为经验性参数，一般通过调参确定。本书计算时采用麦夸特（LM）算法＋通用全局优化法对参数进行优化确定。

热衰减系数 η 取值不同，垂向水温随之变化。η 增大时，水温明显减小。D 的取值对温跃层温度的变化幅度影响较大，D 增大，则温跃层的温度变幅加大。

第6章

水库水温物理模型解析解研究

解析解能够描述各类水温要素随时空变化过程和分布规律。本章重点探讨了动态水温常微分方程和一维水温对流扩散方程的解析解公式的建立，介绍了各类水温解析解公式的理论基础、推导过程、公式形式。此外，还对所提出的解析解模型进行了实例验证分析、误差分析、模型适应性及参数灵敏度分析。

6.1 美国水温动态变化模型解析解

6.1.1 直接积分法求美国水温动态变化模型解析解

美国水温动态变化模型描述水库或河流水温随时间动态变化，混合型水库或河流在距离大于 100m 后对流扩散和热扩散的变化可以忽略不计，假定水温变化只与入出流有关，可简化为常微分方程（6.1），可采用直接积分法求其解析解。

$$\left.\begin{aligned} \frac{\mathrm{d}T}{\mathrm{d}t} &= S_0 \\ S_0 &= \frac{q_1 T_1}{A_z} - \frac{q_\varepsilon T_2}{A_z} \end{aligned}\right\} \tag{6.1}$$

式中：T——平均水温（℃）；

$\quad T_1$——入流平均水温（℃）；

$\quad T_2$——出流平均水温（℃）；

$\quad S_0$——热交换源汇项（℃/s）；

$\quad q_1$——入流流量（$\mathrm{m^3/s}$）；

$\quad q_\varepsilon$——出流流量（$\mathrm{m^3/s}$）；

$\quad A_z$——过水面积（$\mathrm{m^2}$）。

进一步变换为

$$\frac{\mathrm{d}T}{\mathrm{d}t} + \frac{q_\varepsilon T}{A_z} = \frac{q_1 T_1}{A_z} \tag{6.2}$$

符合常微分方程形式：

$$y' + P(t)y = Q(t), Q(t) \neq 0 \tag{6.3}$$

其中，$P(t) = \dfrac{q_e}{A_z}$，$Q(t) = \dfrac{q_1 T_1}{A_z}$。

此类常微分方程直接积分的通解形式为

$$y = \exp\left[-\int P(t)\mathrm{d}t\right] \cdot \left\{\int Q(t)\exp\left[\int P(t)\mathrm{d}t\right]\mathrm{d}t + C\right\} \tag{6.4}$$

得到式 (6.2) 的解为

$$T = \exp\left[-\int \frac{q_e}{A_z}\mathrm{d}t\right] \cdot \left\{\int \frac{q_1 T_1}{A_z}\exp\left[\int \frac{q_e}{A_z}\mathrm{d}t\right]\mathrm{d}t + C\right\} \tag{6.5}$$

因为 $\int q_e \mathrm{d}t = W$ ，所以式 (6.5) 可变为

$$\begin{aligned}
T &= \exp\left[-\frac{W}{A_z}\right] \cdot \left\{\int \frac{q_1 T_1}{A_z}\exp\left[\frac{W}{A_z}\right]\mathrm{d}t + C\right\} \\
&= \exp\left[-\frac{W}{A_z}\right] \cdot \left\{\exp\left[\frac{W}{A_z}\right]\int \frac{q_1 T_1}{A_z}\mathrm{d}t + C\right\} \\
&= \int \frac{q_1 T_1}{A_z}\mathrm{d}t + C\exp\left[-\frac{W}{A_z}\right]
\end{aligned} \tag{6.6}$$

当 $t=0$ ，有 $T = T_0$ ， $T_0 = C$ ， $W = 0$

从而得到式 (6.2) 的解析解：

$$T(t) = \frac{T_{avg}W_入}{A_z} + T_0\exp\left(-\frac{W_出}{A_z}\right) \tag{6.7}$$

式中： $T(t)$——月或日平均水温（℃）；

$\quad T_{avg}$——年平均水温（℃）；

$\quad W_入$——第 t 月入库水量（m³）；

$\quad W_出$——第 t 月出库水量（m³）；

$\quad T_0$——第 t 月月初水温（℃）。

其余变量同前。式 (6.7) 为美国水温动态变化模型解析解。

6.1.2　John R. Yearsley 拉格朗日模型解析解

John R. Yearsley 针对河流和水库建立了拉格朗日水温模型，并针对 Columbia 河分析了气候变化对水温的影响，为解决水质问题提供参考。该水温模型建立在热力学第一定律的基础上。当河流长度超过 100m 时，对流项起主导作用。在该尺度下，天然河流系统中的许多研究都忽略了扩散项。同时引入平衡温度的概念，通过拉普拉斯变换法可推导出计算年、月平均水温的解析解。此时，水温在一维动态系统中是时间的函数，参考拉格朗日模型可表达为

$$\frac{\mathrm{d}T}{\mathrm{d}t} = K(T_e - T) \tag{6.8}$$

式中： T——月或日平均水温（℃）；

$\quad K$——一阶速率常数，是气象参数和水深的函数；

$\quad T_e$——当空气与水体表面不再发生热交换时水体的温度。

假设河流的过水断面不变，且稳定流被均分成 m 段，假定流速为每部分水体在单位时间内穿过每段河流。为求出式 (6.8) 的解析解，假设强迫函数呈正弦变化，也即热通量呈正弦变化，对于平衡温度，其初始条件的变化也类似。平衡温度可通过下式计算：

$$T_e = \left[T_\Delta \sin \frac{2\pi t}{P_\Delta} + T_{avg} \right] \delta(t) \tag{6.9}$$

式中：T_e——平衡温定（℃）；

$\quad\ T_\Delta$——水温的变幅（℃）；

$\quad\ P_\Delta$——正弦变化的周期（d）；

$\quad\ T_{avg}$——年平均水温（℃）；

$\quad\ t$——时间（月或天）；

$\quad\ \delta(t)$——单位阶跃函数，$t<0$ 时为 0，$t \geqslant 0$ 时为 1。

根据拉普拉斯变换，式（6.8）的解为

$$T(t) = T_0(t-\tau) + KT_\Delta \left\{ \frac{\cos[w(t-\tau)]}{w^2 + K^2} [we^{-k\tau} - w\cos(w\tau) + K\sin(w\tau)] \right.$$
$$\left. + \frac{\sin[w(t-\tau)]}{w^2 + K^2} [-Ke^{-k\tau} + K\cos(w\tau) + w\sin(w\tau)] \right\} + T_{avg}(1 - e^{-k\tau})$$
$$\tag{6.10}$$

式中：$w = 2\pi/P_\Delta$；$\tau = \pi/U$；$T_0 = \Delta T_0 \sin(2\pi t/P_0) + T_{avg}$，为 $t=0$ 处的边界条件。

式（6.10）为 John R. Yearsley 水温拉格朗日模型解析解，可用于月平均水温过程和日平均水温过程的模拟计算和预测。

6.1.3 武汉大学李兰课题组拉格朗日简化模型解析解

武汉大学李兰课题组在 John R. Yearsley 水温拉格朗日模型基础上进行简化，根据平衡温度的概念，推导出水温的解析解。此时，水温在一维河流或混合水库系统中是时间的函数，水温拉格朗日模型见式（6.8），假设平衡温度呈正弦变化，表达式见式（6.9）。

当 $t \geqslant 0$ 时，水温动态变化的常微分方程 [式（6.8）] 可表达为

$$\frac{dT}{dt} = K \left(T_\Delta \sin \frac{2\pi t}{P_\Delta} + T_{avg} - T \right) \tag{6.11}$$

整理得：$\dfrac{dT}{dt} + KT = K \left(T_\Delta \sin \dfrac{2\pi t}{P_\Delta} + T_{avg} \right)$，拉普拉斯变换后为

$$ST^L + KT^L = KT_\Delta \frac{\omega}{S^2 + \omega^2} + \frac{T_{avg}}{S} + T(t)\big|_{t=0} \tag{6.12}$$

令 $T_0 = T(t)\big|_{t=0} = T(0)$，为初始水温。通过拉普拉斯逆变换得到年内水温变化解析解为

$$T = \frac{KT_\Delta \omega}{K^2 + \omega^2} \left[e^{-Kt} + \frac{K}{\omega} \sin(\omega t) - \cos(\omega t) \right] + T_{avg}(1 - e^{-kt}) + T_0 e^{-kt} \tag{6.13}$$

式中：$\omega = 2\pi/P_\Delta$；$\tau = \pi/U$；P_Δ 为正弦变化的周期（天）；$T_0 = \Delta T_0 \sin(2\pi t/P_0) + T_{avg}$，为 $t=0$ 处的边界条件。

式（6.13）为武汉大学李兰课题组拉格朗日简化模型解析解，可用于月平均水温过程和日平均水温过程的模拟计算和预测。

6.1.4 模型参数及灵敏度分析

6.1.4.1 库表水温动态预测

采用二滩水库 2002—2005 年的实测水温资料，来验证 John R. Yearsley 水温拉格朗日

模型解析解［式（6.10）］和武汉大学李兰课题组拉格朗日简化模型解析解［式（6.13）］。流速 u、正弦变化的周期 P_Δ 确定后，两公式中仅有1个参数 K 需要优选。

John R. Yearsley 水温拉格朗日模型解析解最优参数情况：$u=0.016618$ 时，$\tau=3.14159/u$，$K=0.001688$；武汉大学李兰课题组拉格朗日简化模型解析解最优参数情况：$u=0.016618$ 时，$\tau=3.14159/u$，$K=0.004427$。两种解析解模拟水温过程线和实测水温过程线见图 6.1。

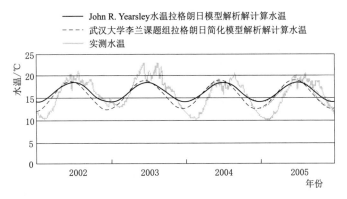

图 6.1　拉格朗日动态公式计算结果对比图

从图 6.1 中可以看出，武汉大学李兰课题组拉格朗日简化模型解析解无论在振幅还是在同步性上均较 John R. Yearsley 水温拉格朗日模型解析解拟合的效果好。

6.1.4.2　模型适应性与参数灵敏度分析

1. 流速 u 对 John R. Yearsley 水温拉格朗日模型解析解计算结果的影响分析

图 6.1 是两个公式变量和参数优选取值，取 $u=0.016618$、$\tau=3.14159/u$，John R. Yearsley 水温拉格朗日解析解 $K=0.001688$，武汉大学李兰课题组拉格朗日简化模型解析解 $K=0.004427$ 时，John R. Yearsley 水温拉格朗日模型解析解和武汉大学李兰课题组拉格朗日简化模型解析解计算的水温过程线比较图。

保持 K、τ 不变，即 $\tau=3.14159/u$、$K=0.001688$，改变流速 u 值，取 $u=0.006618$，John R. Yearsley 水温拉格朗日模型解析解计算结果见图 6.2。武汉大学李兰课题组拉格朗日简化模型解析解中的参数 K、u、τ 未变，即 $u=0.016618$，$\tau=3.14159/u$，$K=0.004427$。

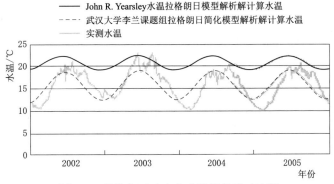

图 6.2　拉格朗日动态公式计算结果对比图

从图 6.2 可以看出，流速 u 的变化使得 John R. Yearsley 水温拉格朗日模型解析解计算结果整个水温过程明显上抬，受流速影响很大。当流速变小，水温明显变大，振幅变小。

2. 一阶速率常数 K 对 John R. Yearsley 水温拉格朗日模型解析解计算结果的灵敏度分析

对 John R. Yearsley 水温拉格朗日模型解析解，当 $u=0.016618$、$\tau=3.14159/u$ 不变，K 从 0.001688 变大 1 个数量级，取 $K=0.01688$ 时，计算结果见图 6.3。作为对照的是，武汉大学李兰课题组拉格朗日简化模型解析解参数 u、τ、K 取值保持不变。

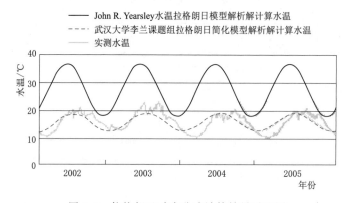

图 6.3 拉格朗日动态公式计算结果对比图

从图 6.3 可以看出，K 的变化对 John R. Yearsley 水温拉格朗日模型解析解模拟结果的影响比较大，随着 K 变大，水温过程线显著抬高，振幅增大 1 倍。

反之，John R. Yearsley 水温拉格朗日模型解析解参数 u、τ 不变，K 从 0.001688 变小 1 个数量级，取 $K=0.0001688$ 时，计算结果见图 6.4。

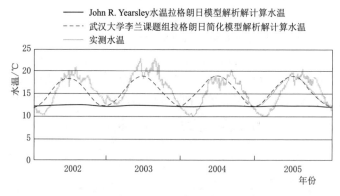

图 6.4 拉格朗日动态公式计算结果对比图

从图 6.4 可知，K 对 John R. Yearsley 水温拉格朗日模型解析解计算结果的影响比较大，随着 K 变小，水温过程线降低，并变成一条直线，振幅接近为 0.0。

3. 取相同参数时的比较

将 u 变小，$u=0.006618$ 时，$\tau=3.14159/u$，$K=0.001688$ 时，两种拉格朗日解析解计算的水温过程线见图 6.5。

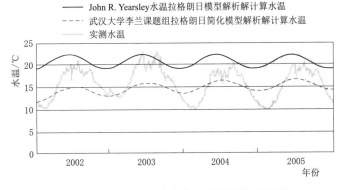

图 6.5 拉格朗日动态公式计算结果对比图

从图 6.5 可以看出，两公式取同样参数时，流速 u 变化时，武汉大学李兰课题组拉格朗日简化模型解析解计算结果整个水温过程未出现明显上移，受流速影响比 John R. Yearsley 水温拉格朗日模型解析解小。当流速变小时，John R. Yearsley 水温拉格朗日模型解析解水温整体上移，低温水抬高明显，高温变幅小于低温变幅，水温过程坦化；武汉大学李兰课题组拉格朗日简化模型解析解计算水温振幅明显变小，低温水上抬，高温水降低，水温过程变得平坦。

总的来说，John R. Yearsley 水温拉格朗日模型解析解对参数变化的灵敏度高于武汉大学李兰课题组拉格朗日简化模型解析解；参数变幅较小时，John R. Yearsley 水温拉格朗日模型解析解计算水温变幅很大，计算值不稳定，调参时需慎重。

6.2 李兰一维稳态垂向水温解析解

6.2.1 解析解的求解

假定任意水深横截面积 A_z 与水深关系为指数函数，考虑辐射在水中衰减和入出流影响，一维稳态垂向水温方程为

$$v\frac{\partial T}{\partial z}=D_z\frac{\partial^2 T}{\partial z^2}+S_0 \tag{6.14}$$

由于

$$S_0=\frac{q_I K_I-q_e}{A_z}T+\frac{1}{\rho C_w A_z}\frac{\partial(A_z\varphi_z)}{\partial z} \tag{6.15}$$

则

$$v\frac{\partial T}{\partial z}=D_z\frac{\partial^2 T}{\partial z^2}+\frac{q_I K_I-q_e}{A_z}T+\frac{1}{\rho C_w A_z}\frac{\partial(A_z\varphi_z)}{\partial z} \tag{6.16}$$

式中：T——在 t 时刻 z 处的水温（℃）；

　　　v——垂向流速（m/s）；

　　　D_z——垂向扩散系数（m²/s）；

　　　z——垂向距离（m）。

　　　S_0——热交换源汇项（℃/s）；

　　　q_I——入流流量（m³/s）；

q_e——出流流量（m³/s）；

K_I——入流系数；

ρ——水的密度（kg/m³）；

C_w——水的比热 [J/(kg·℃)]

A_z——过水面积（m²）；

φ_z——热通量随水深 z 传递函数 [J/(m²·s)]；

T_a——在 t 时刻 z 处的气温（℃）。

假定 $A_z = A_0 e^{-\beta z}$，同时已知辐射在水中的传递按照 $\varphi(z) = (1-\beta)\varphi_{sn} e^{-\eta z}$ 方式进行，则有：

$$\frac{\partial A_z}{\partial z} = -\beta\alpha e^{-\beta z}, \quad \frac{\partial \varphi(z)}{\partial z} = (1-\beta)(-\eta)\varphi_{sn} e^{-\eta z}$$

故

$$\frac{1}{\rho C_w A_z}\frac{\partial A_z \varphi_z}{\partial z} = \frac{1}{\rho C_w A_z}\left(\frac{\partial A_z}{\partial z}\varphi_z + A_z\frac{\partial \varphi_z}{\partial z}\right)$$

$$= \frac{1}{\rho C_w A_z}\left[A_0(-\beta)e^{-\beta z}\varphi_z + A_z(1-\beta)(-\eta)\varphi_{sn}e^{-\eta z}\right]$$

$$= \frac{\varphi_z}{\rho C_w A_z}\left[A_0(-\beta)e^{-\beta z} + A_z(-\eta)\right]$$

$$= \frac{(-\beta-\eta)\varphi_z}{\rho C_w} = -\frac{\Delta K \varphi_z}{\rho C_w}$$

代入方程（6.16）变为

$$v\frac{\partial T}{\partial z} = D_z\frac{\partial^2 T}{\partial z^2} + \frac{q_I K_I - q_e}{A_z}T - \frac{\Delta K \varphi_z}{\rho C_w} \tag{6.17}$$

整理得：

$$\frac{\partial^2 T}{\partial z^2} - \frac{v}{D_z}\frac{\partial T}{\partial z} + \frac{q_I K_I - q_e}{A_z D_z}T = \frac{(1-\beta)\Delta K}{\rho C_w D_z}\varphi_{sn} e^{-\eta z} \tag{6.18}$$

其中，$\Delta K = \beta+\eta$，$p = -\dfrac{v}{D_z}$，$q = \dfrac{q_I K_I - q_e}{A_z D_z}$，$f(z) = \dfrac{(1-\beta)\Delta K}{\rho C_w D_z}\varphi_{sn} e^{-\eta z}$

设 $\beta=0$，D_z 为常数，解常微分方程：

$$\lambda_{1,2} = \frac{\dfrac{v}{D_z} \pm \sqrt{\left(\dfrac{v}{D_z}\right)^2 - \dfrac{4(q_I K_I - q_e)}{A_0 D_z}}}{2} = \frac{v}{2D_z}(1+m) \tag{6.19}$$

其中，$m = \sqrt{1 - \dfrac{4D_z}{A_0 v^2}(q_I K_I - q_e)}$

所以，$T_c(z) = B\exp\left[\dfrac{vz}{2D_z}(1-m)\right]$

取 $f(z) = ce^{bz}$，特解为 $T_p = \dfrac{ce^{bz}}{q+pb+b^2}$

将 $\Delta K = \beta+\eta = \eta$、$p = -\dfrac{v}{D_z}$、$q = \dfrac{q_I K_I - q_e}{A_0 D_z}$、$f(z) = \dfrac{\eta\varphi_{sn}}{\rho C_w D_z}e^{-\eta z}$ 代入特解，得到特解具体表达形式：

$$T_p(z) = \frac{A_0 \eta \varphi_{sn}}{\rho C_w (q_I K_I - q_e + A_0 \eta v + A_0 \eta^2 D_z)} \exp(-\eta z) \qquad (6.20)$$

则方程（6.18）的解为

$$T(z) = B \exp\left[\frac{vz}{2D_z}(1-m)\right] + \frac{A_0 \eta \varphi_{sn}}{\rho C_w (q_I K_I - q_e + A_0 \eta v + A_0 \eta^2 D_z)} \exp(-\eta z) \qquad (6.21)$$

式中：B——任意常数。

上边界条件取水面水温：$T(z=0) = T_s$，令 $\rho C_w (q_I K_I - q_e + A_0 \eta v + A_0 \eta^2 D_z) = E$，

则常数：$B = T_s - \dfrac{A_0 \eta \varphi_{sn}}{E}$。

李兰一维稳态对流垂向水温解析解为

$$T(z) = \frac{T_s E - A_0 \eta \varphi_{sn}}{E} \exp\left[\frac{vz}{2D_z}(1-m)\right] + \frac{A_0 \eta \varphi_{sn}}{E} \exp(-\eta z) \qquad (6.22)$$

6.2.2　解析解模拟验证

采用二滩水库 2006 年 2 月、5 月和 7 月共四次实测水温观测值来验证李兰一维稳态垂向水温解析解。式（6.22）中，A_0 为起始断面过水面积，$A_0 = 10000.0\,\mathrm{m}^2$；其余参数 D_z、K_I、η 经优选调试，最佳的一组参数为：$D_z = 100.0$；$\eta = 1.5\mathrm{e}^{-3}$；$K_I$ 每月取不同值，$K_I = 0.9\mathrm{e}^{-2}$（5 月），$K_I = 1.5\mathrm{e}^{-3}$（7 月 26—28 日），$K_I = 2.1\mathrm{e}^{-3}$（7 月 29—30 日）。验证结果见图 6.6～图 6.9。

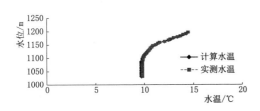

图 6.6　一维稳态垂向水温解析解拟合
对比图（2 月 28—29 日）

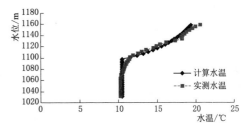

图 6.7　一维稳态垂向水温解析解拟合
对比图（5 月 24—25 日）

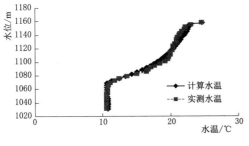

图 6.8　一维稳态垂向水温解析解拟合
对比图（7 月 26—28 日）

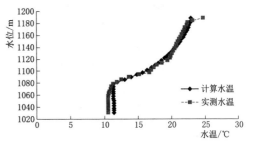

图 6.9　一维稳态垂向水温解析解
拟合对比图（7 月 29—30 日）

从图 6.6～图 6.9 可知，应用李兰一维稳态垂向水温解析解［式（6.22）］模拟计算的二滩垂向水温与实测水温比较吻合，各次温跃层和滞温层模拟拟合效果较好，库表水温误

差较大，库表水温预测有待改善，最大库表绝对误差未超过 1.5℃。2 月 28—29 日和 7 月 26—28 日水温形态整体模拟精度最好，5 月 24—25 日水库下层至温跃层水温转折点有误差，7 月 29—30 日库底水温误差偏大，最大绝对误差为 1.4℃。说明式（6.22）可用于模拟预测大型分层型水库垂向水温分布。

6.2.3　模型适应性与参数灵敏度分析

采用李兰一维稳态垂向水温解析解［式（6.22）］计算的二滩水库 2006 年 4 次垂向水温的误差较低，模拟精度较高，S 曲线形态模拟值与实测值吻合，可用于分层型水库垂向水温的计算。式（6.22）中有 3 个参数，其中 D_z 和 η 值取值为常数，K_1 变化较大，随季节变化，每月需取不同的参数值能使计算结果拟合更好。

6.3　李兰一维稳态沿程水温解析解

6.3.1　解析解的求解

为了模拟预测水库水温沿程变化情况，或对于混合型水库水温可以采用稳态沿程水温模型计算，本节将给出李兰一维稳态水温模型解析解推导过程。

假定水温是稳态的，即不随时间变化。同时考虑扩散项及对流项，一维稳态沿程水温方程可采用下式表示：

$$u \frac{\partial T}{\partial x} = E \frac{\partial^2 T}{\partial x^2} + S_0 \tag{6.23}$$

其中，$S_0 = \dfrac{\phi_A}{H\rho C_w} - K_1 T$，且 $K_1 > -\dfrac{u^2}{4E}$，整理得：

$$\frac{\partial^2 T}{\partial x^2} - \frac{u}{E}\frac{\partial T}{\partial x} - K_1 \frac{T}{E} = -\frac{\phi_A}{H\rho C_w E} \tag{6.24}$$

式中：T——水温（℃）；

$\quad u$——x 方向的水平流速（m/s）；

$\quad E$——x 方向上的扩散系数（m²/s）；

$\quad \rho$——水的密度（kg/m³）；

$\quad C_w$——水的比热 ［J/(kg·℃)］；

$\quad K_1$——系数（m⁻¹）；

$\quad H$——水深（m）；

$\quad \phi_A$——热通量传递函数（J·m²/m）。

求解此方程，因而得到式（6.24）的通解：

$$T = T_c + T_p = T_0 e^{\frac{u}{2E}(1-m)x} + \frac{\phi_A}{K_1 H\rho C_w} \tag{6.25}$$

6.3.2　解析解验证及适用性分析

采用二滩水库 2006 年 5 月和 7 月实测水温观测值来验证李兰一维稳态沿程水温解析

解 [式 (6.25)]，验证结果见图 6.10 和图 6.11。

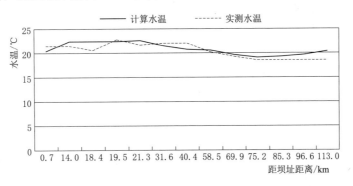

图 6.10　李兰一维稳态沿程水温解析解拟合对比图（5 月）

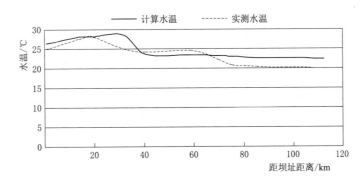

图 6.11　李兰一维稳态沿程水温解析解拟合对比图（7 月）

从图 6.10 和图 6.11 可知，二滩水库 2006 年 5 月和 7 月两次沿程水温模拟计算值与实测值比较总体误差较小。5 月拟合误差最小，高温区拟合精度高，坝前低温区拟合误差稍差。7 月拟合误差主要出现在高温降温区和坝前水温区，坝前水温计算值偏高，7 月计算最大水温较实测值滞后接近 10km，热通量传递函数的计算需要改进。

6.4　李兰一维动态垂向水温解析解

6.4.1　解析解的求解

一维动态垂向对流扩散偏微分方程和考虑各类源汇项的完整形式为

$$\frac{\partial T_w}{\partial t} + v\frac{\partial T_w}{\partial z} = D_z\frac{\partial^2 T_w}{\partial z^2} + \frac{q_1 K_{a1} - q_2 K_{a2}}{A_z} + \frac{1}{\rho C_w A_z}\frac{\partial (A_z \varphi_z)}{\partial z} \tag{6.26}$$

考虑辐射在水中衰减和入出流影响，式中源汇项 S_0 写成如下的形式：

$$S_0 = \frac{1}{\rho C_w A_z}\frac{\partial (A_z \varphi_z)}{\partial z} + \frac{q_1 K_{a1} - q_2 K_{a2}}{A_z} \tag{6.27}$$

假定入、出流水温与水库水温呈线性关系，即：

$$T_{w1} = K_{a1}T, \qquad T_{w2} = K_{a2}T$$

式中：T_w——在 t 时刻 z 处的水温（℃）；

v——z 方向的垂向流速（m/s）；

D_z——垂向扩散系数（m²/s）；

z——垂向距离（m）；

S_0——热交换源汇项（℃/s）；

ρ——水的密度（kg/m³）；

C_w——水的比热 [J/(kg·℃)]；

q_1——入流流量（m³/s）；

q_2——出流流量（m³/s）；

K_{a1}——入流系数；

K_{a2}——出流系数；

A_z——过水面积（m²）；

φ_z——热通量随水深 z 传递函数 [J/(m²·s)]。

假定 $A_z = \alpha e^{-\beta z}$，有 $\dfrac{\partial A_z}{\partial z} = -\beta \alpha e^{-\beta z}$，$\dfrac{\partial \varphi(z)}{\partial z} = (1-\beta)(-\eta)\varphi_{sn} e^{-\eta z}$

则

$$\frac{1}{\rho C_w A_z}\frac{\partial A_z \varphi_z}{\partial z} = \frac{1}{\rho C_w A_z}\left(\frac{\partial A_z}{\partial z}\varphi_z + A_z\frac{\partial \varphi_z}{\partial z}\right)$$

$$= \frac{1}{\rho C_w A_z}\left[\alpha(-\beta)e^{-\beta z}\varphi_z + A_z(1-\beta)(-\eta)\varphi_{sn}e^{-\eta z}\right]$$

$$= \frac{\varphi_z}{\rho C_w A_z}\left[\alpha(-\beta)e^{-\beta z} + A_z(-\eta)\right]$$

$$= \frac{(-\beta-\eta)\varphi_z}{\rho C_w} = -\frac{\Delta K\varphi_z}{\rho C_w}$$

代入式（6.26）得：

$$\frac{\partial T}{\partial t} + v\frac{\partial T}{\partial z} = D_z\frac{\partial^2 T}{\partial z^2} + \frac{q_1 K_{a1} - q_2 K_{a2}}{A_z}T - \frac{\Delta K\varphi_z}{\rho C_w} \tag{6.28}$$

假定 H 不随时间 t 变化，同时已知辐射在水中按照 $\varphi_{sn}e^{-\eta z} = \gamma T$ 方式传递热通量，

令

$$K_1 = \frac{q_1 K_{a1} - q_2 K_{a2}}{A_z} - \frac{\Delta K(1-\beta)\gamma}{\rho C_w}$$

则

$$\frac{\partial T}{\partial t} + v\frac{\partial T}{\partial z} = D_z\frac{\partial^2 T}{\partial z^2} + K_1 T \tag{6.29}$$

对式（6.29）进行拉普拉斯变换后得：

$$ST^L - T(z,0) + v\frac{\partial T^L}{\partial z} = D_z\frac{\partial^2 T^L}{\partial z^2} + K_1 T^L \tag{6.30}$$

初始条件： $T(z,t)|_{t=0} = T_0$

通过拉普拉斯变换后得到频域对流扩散方程形式为

$$(S-K_1)T^L - T(z,0) + v\frac{\partial T^L}{\partial z} = D_z\frac{\partial^2 T^L}{\partial z^2} \tag{6.31}$$

整理后得：

$$\frac{\partial^2 T^L}{\partial z^2}-\frac{v}{D_z}\frac{\partial T^L}{\partial z}-\frac{(S-K_1)}{D_z}T^L=-\frac{T_0}{D_z}$$

令 $p=-\dfrac{v}{D_z}$, $f(x)=-\dfrac{T_0}{D_z}$, $q=-\dfrac{S-K_1}{D_z}$

$$\lambda_{1,2}=\frac{vz}{2D_z}\left(1\pm\frac{2\sqrt{D_z}}{v}\sqrt{\frac{v^2}{4D_z}+S-K_1}\right)$$

相应常微分方程解：

$$T_c^L=B\exp\left[\frac{vz}{2D_z}\left(1\pm\frac{2\sqrt{D_z}}{v}\sqrt{\frac{v^2}{4D_z}+S-K_1}\right)\right] \tag{6.32}$$

代入边界条件：$T(t,z)|_{z=0}=T_s$, 则

$$T_c^L=T_s^L\exp\left[\frac{vz}{2D_z}\left(1-\frac{2\sqrt{D_z}}{v}\sqrt{\frac{v^2}{4D_z}+S-K_1}\right)\right] \tag{6.33}$$

对式 (6.33) 进行拉普拉斯逆变换得方程 (6.29) 的通解：

$$T_c=L^{-1}\{T_c^L\}=T_s\times\frac{z}{2t\sqrt{\pi D_z t}}\times\exp\left[\frac{vt}{2D_z}-\left(\frac{v^2}{4D_z}-K_1\right)t-\frac{z^2}{4D_z t}\right] \tag{6.34}$$

方程(6.29)在频域的特解为

$$T_p=L^{-1}\{T_p^L\}=L^{-1}\left\{\frac{T_0}{S-K_1}\right\}=T_0 e^{K_1 t}$$

方程 (6.29) 的解析解为

$$T=T_c+T_p=T_s\times\frac{z}{2t\sqrt{\pi D_z t}}\times\exp\left[\frac{vt}{2D_z}-\left(\frac{v^2}{4D_z}-K_1\right)t-\frac{z^2}{4D_z t}\right]+T_0\exp(-K_1 t) \tag{6.35}$$

式 (6.35) 中参数：$K_1=\dfrac{q_1 K_{a1}-q_2 K_{a2}}{A_a}-\dfrac{\Delta K(1-\beta)\gamma}{\rho C_w}$, $\Delta K=\beta+\eta$,

$$\gamma=am T_0-\frac{a_2}{1+b_2 e^{\left(c3-\frac{h}{\beta}\right)}},\quad a_2=d_2 T_s+c_2,\quad \beta=d_3 h+d_4$$

其中，T_s 为库表水温；h 为水深；其余为可优选参数。

6.4.2 解析解验证与参数灵敏度分析

6.4.2.1 解析解验证

采用二滩水库 2006 年 3 月、5 月和 7 月实测水温观测值验证李兰一维动态垂向水温解析解。式 (6.35) 有 d_2、b_2、c_2、c_3、d_3、d_4、K_{a1}、K_{a2}、η 等几个可调参数，经调试，得到如下最佳的一组参数为：$K_{a1}=K_{a2}=0.8e^{-7}$, $\eta=0.69e^{-2}$, $c_2=0.000001$, $c_3=-2.2$, $d_2=0.00016$, $d_3=-0.062$, $d_4=30.3$, $b_2=0.04$。

二滩水库垂向水温模拟计算结果和实测水温见图 6.12~图 6.15。

从图 6.12~图 6.15 可知，应用式 (6.35) 计算二滩水库 2006 年 3 月垂向水温与实测值拟合效果最好，5 月效果次之，汛期 7 月两次观测在温跃层和表层有点误差，但是最大绝对误差小于 2.2°C，总体 S 曲线拟合效果较好。

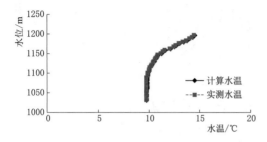

图 6.12 李兰一维动态垂向水温解析解拟合
对比图（3 月 1—2 日）

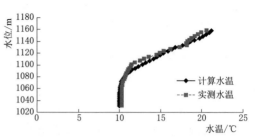

图 6.13 李兰一维动态垂向水温解析解拟合
对比图（5 月 24—25 日）

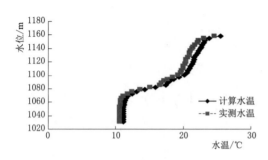

图 6.14 李兰一维动态垂向水温解析解
拟合对比图（7 月 26—28 日）

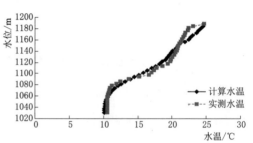

图 6.15 李兰一维动态垂向水温解析解
拟合对比图（7 月 29—30 日）

6.4.2.2 参数灵敏度分析

式（6.35）有 d_2、b_2、c_2、c_3、d_3、d_4、K_{a1}、K_{a2}、η 等参数，经调试分析，d_2、d_3、d_4、b_2、η 取值对垂向水温 S 曲线影响较大，这些参数对二滩水库垂向水温分布曲线的影响见表 6.1。在参数调试过程中，发现 η 比较敏感，只能在较小的范围内变动，否则计算就会溢出，当它在很小的范围内增大时，计算曲线中上部的水温变小，而对下部的影响较小。同时 b_2 也只能在较小的范围内变动，当它慢慢变小时，中下层计算水温逐渐变大，整个曲线的形态也变好，对上层水温的影响较小。K_{a1}、K_{a2}、c_2、c_3 4 个参数取值为常数，不再赘述。

表 6.1　　　　　　　李兰一维动态垂向水温解析解参数灵敏度分析表

参数	参数对垂向水温分布曲线的影响
d_2	增大时会使中上层计算水温变大，S 曲线更明显
d_3	绝对值增大时，上层水温变大，中下层水温变小，可使 S 曲线下部形态与实测拟合较好
d_4	变大时，水库上层水温变小，下层水温变大，分布曲线呈逆时针方向旋转
b_2	变小时，上中层 S 曲线形态变好，更加接近水温垂向实际分布规律，水温整体变大
η	较敏感，增大时会使上中层计算水温整体变小

第 7 章

大型水库水温分层预测方法
和取水措施的比选研究

本章提出比选评价指标和评价方法，应用于二滩、两河口等大型水库水温计算，对比分析水温经验预测模型、半经验半理论模型、理论解析解模型的拟合效果，并推荐最优方法。为研究分层取水措施与优化调度运行方案的合理性，将推荐水温算法的预测结果应用于两河口分层取水方案比选，并推荐两河口的合理分层取水措施规划方案，为大型水库分层取水措施规划提供依据。

7.1 评价指标和评价方法

7.1.1 评价指标选择

前述第 4 章～第 6 章中，对国内外水温模型进行了对比研究，包括模拟验证、误差与参数灵敏度分析，推荐了能够全面计算库表水温、库底水温、垂向水温分层、沿程水温演变的系列模型和算法。此次选择最大水温绝对误差、平均水温绝对误差和绝对误差小于1.0℃合格率作为评价指标，最大水温绝对误差能够控制计算水温或特殊点不会偏离实测值太远；平均水温绝对误差是衡量水温随时间或随沿程热传递或随水深垂向分层水温结构的重要指标；绝对误差小于 1.0℃合格率反映计算模型的整体拟合精度。这三个指标可以满足大型水库各类水温预测方法模拟精度评价的需求。

7.1.2 评价方法

大型水库水温分层规律及分层取水的评价方法和研究思路如下：

（1）在前述各章计算基础上，绘出同类功能不同水温预测方法比较图，可以直观看出各类方法拟合效果。

（2）对各类方法验证结果计算出评价指标值，并根据评价结果推荐最佳方法。

（3）最后给出推荐方法分层取水的预测结果。

（4）以二滩水库为验证实例，进一步将推荐的经验预测法、解析解法与实测值进行比较研究，分析分层取水效果。

（5）进一步以两河口水库分层取水规划方案为应用实例，将推荐的经验预测法、解析解法与三维环境流体力学数值计算结果进行比较研究，分析分层取水效果。

7.1.3 水温预测模型的比选

用于验证对比的水温预测模型如下。

1. 水温经验回归预测模型的比选

(1) 库表水温经验回归模型的比选。

1) EMO 模型、余弦函数与统计法联合模型、武汉大学李兰课题组改进的余弦函数模型的比选。

2) 武汉大学李兰课题组改进的余弦函数模型与三维 EFDC 环境流体动力学模型的比选。

(2) 水温沿程变化经验回归模型的比选。李兰库表沿程水温非线性指数公式与三维 EFDC 环境流体动力学模型的比选。

(3) 垂向水温经验回归模型的比选。余弦函数法、指数函数法、统计法、李怀恩法和李兰垂向水温指数函数法五种算法的比选。

2. 水温对流扩散方程解析解的比选

(1) 库表水温动态模型解析解的比选。John R. Yearsley 水温拉格朗日模型解析解和武汉大学李兰课题组拉格朗日简化模型解析解的比选。

(2) 水温沿程变化模型解析解的比选。O Mohseni 一维热交换水温模型解析解、Michael L. Deas 水库沿程水温模型解析解、李兰库表沿程水温非线性指数公式和李兰一维稳态沿程水温解析解的比选。

(3) 垂向水温模型解析解的比选。JI Shun - Wen 不考虑热源项一维垂向水温解析解、李兰垂向水温指数函数公式、李兰一维稳态垂向水温解析解、李兰一维动态垂向水温解析解的比选。

7.2 水库分层取水方案

7.2.1 两河口水库分层取水方案

7.2.1.1 单层取水口方案

采用单层取水口方案取水：取水口高程全年固定不变，其顶部高程为 2779.00m。

7.2.1.2 一层叠梁门方案

采用一层叠梁门方案取水：水库水位在 2804.00m 以上时，使用一层门叶挡水，取水口顶部高程为 2793.00m；水库水位降至 2804.00m 以下时，吊起叠梁门，无闸门挡水，取水口顶部高程为 2779.00m。

7.2.1.3 二层叠梁门方案

采用二层叠梁门方案取水：水位在 2818.00m 以上时，门叶整体挡水，取水口顶部高程为 2807.00m；水库水位在 2818.00~2804.00m 之间时，吊起第一节叠梁门，仅用第二节门叶挡水，取水口顶部高程为 2793.00m；水库水位降至 2804.00m 以下时，继续吊起第二节叠梁门，无闸门挡水，取水口顶部高程为 2779.00m。

7.2.1.4　三层叠梁门方案

采用三层叠梁门方案取水：水库水位在2832.00m以上时，门叶整体挡水，取水口顶部高程为2821.00m；水位在2832.00～2818.00m之间时，吊起第一节叠梁门，仅用第二、第三节门叶挡水，取水口顶部高程为2807.00m；水库水位在2818.00～2804.00m之间时，继续吊起第二节叠梁门，仅用第三节门叶挡水，取水口顶部高程为2793.00m；水库水位降至2804.00m以下时，继续吊起第三节叠梁门，无闸门挡水，取水口顶部高程为2779.00m。

7.2.1.5　四层叠梁门方案

采用四层叠梁门方案取水：水库水位在2846.00m以上时，门叶整体挡水，取水口顶部高程为2835.00m；水位在2846.00～2832.00m之间时，吊起第一节叠梁门，仅用第二、第三、第四节门叶挡水，取水口顶部高程为2821.00m；水库水位在2832.00～2818.00m之间时，继续吊起第二节叠梁门，仅用第三、第四节门叶挡水，取水口顶部高程为2807.00m；水库水位在2818.00～2804.00m之间时，继续吊起第三节叠梁门，仅用第四节门叶挡水，取水口顶部高程为2793.00m；水库水位降至2804.00m以下时，继续吊起第四节叠梁门，无闸门挡水，取水口顶部高程为2779.00m。

7.2.1.6　水库运行方式与取水方案

表7.1列出两河口平水年水库运行与单层取水口方案相关信息，表7.2～表7.5列出两河口平水年水库运行与多层取水方案相关信息，包括月均水位、库底高程、每层水深、引水口高程、引水口所在层数上限和下限、引水层数、下泄流量。从表7.2～表7.5可以看出单层取水方案对应计算模式取水所在层数，其余分层取水都以单层取水方案结果为比较基准。

表7.1　　两河口平水年水库运行与单层取水口方案相关信息

时间	月均水位/m	库底高程/m	每层水深/m	引水口高程/m 底坎	引水口高程/m 顶部	引水口所在层数 上限	引水口所在层数 下限	引水层数	下泄流量/(m³/s)
1月	2849.98	2602.00	6.20	2765.00	2779.00	14	11	4	583.99
2月	2838.29	2602.00	5.90	2765.00	2779.00	13	10	4	613.71
3月	2824.10	2602.00	5.60	2765.00	2779.00	11	8	4	654.15
4月	2807.44	2602.00	5.10	2765.00	2779.00	9	6	4	709.24
5月	2791.83	2602.00	4.70	2765.00	2779.00	6	3	4	770.30
6月	2790.58	2602.00	4.70	2765.00	2779.00	5	2	4	741.56
7月	2807.07	2602.00	5.10	2765.00	2779.00	8	5	4	741.56
8月	2823.31	2602.00	5.50	2765.00	2779.00	11	8	4	741.56
9月	2845.78	2602.00	6.10	2765.00	2779.00	14	11	4	741.56
10月	2862.68	2602.00	6.50	2765.00	2779.00	16	13	4	741.56
11月	2863.74	2602.00	6.50	2765.00	2779.00	16	13	4	552.54
12月	2858.87	2602.00	6.40	2765.00	2779.00	15	12	4	563.27

表 7.2 两河口平水年一层叠梁门取水方案相关信息

时间	月均水位/m	库底高程/m	每层水深/m	引水口高程/m		引水口所在层数		引水层数	下泄流量/(m³/s)
				底坎	顶部	上限	下限		
1 月	2849.98	2600.00	6.20	2779.00	2793.00	12	9	4	583.99
2 月	2838.29	2600.00	6.00	2779.00	2793.00	11	8	4	613.71
3 月	2824.10	2600.00	5.60	2779.00	2793.00	9	6	4	654.15
4 月	2807.44	2600.00	5.20	2779.00	2793.00	6	3	4	709.24
5 月	2791.83	2600.00	4.80	2765.00	2779.00	6	3	4	770.30
6 月	2790.58	2600.00	4.80	2765.00	2779.00	5	2	4	741.56
7 月	2807.07	2600.00	5.20	2779.00	2793.00	6	3	4	741.56
8 月	2823.31	2600.00	5.60	2779.00	2793.00	8	5	4	741.56
9 月	2845.78	2600.00	6.10	2779.00	2793.00	12	9	4	741.56
10 月	2862.68	2600.00	6.60	2779.00	2793.00	14	11	4	741.56
11 月	2863.74	2600.00	6.60	2779.00	2793.00	14	11	4	552.54
12 月	2858.87	2600.00	6.50	2779.00	2793.00	13	10	4	563.27

表 7.3 两河口平水年二层叠梁门取水方案相关信息

时间	月均水位/m	库底高程/m	每层水深/m	引水口高程/m		引水口所在层数		引水层数	下泄流量/(m³/s)
				底坎	顶部	上限	下限		
1 月	2849.98	2600.00	6.20	2793.00	2807.00	10	7	4	583.99
2 月	2838.29	2600.00	6.00	2793.00	2807.00	8	5	4	613.71
3 月	2824.10	2600.00	5.60	2793.00	2807.00	6	3	4	654.15
4 月	2807.44	2600.00	5.20	2779.00	2793.00	6	3	4	709.24
5 月	2791.83	2600.00	4.80	2765.00	2779.00	6	3	4	770.30
6 月	2790.58	2600.00	4.80	2765.00	2779.00	5	2	4	741.56
7 月	2807.07	2600.00	5.20	2779.00	2793.00	6	3	4	741.56
8 月	2823.31	2600.00	5.60	2793.00	2807.00	6	3	4	741.56
9 月	2845.78	2600.00	6.10	2793.00	2807.00	9	6	4	741.56
10 月	2862.68	2600.00	6.60	2793.00	2807.00	11	8	4	741.56
11 月	2863.74	2600.00	6.60	2793.00	2807.00	12	9	4	552.54
12 月	2858.87	2600.00	6.50	2793.00	2807.00	11	8	4	563.27

表 7.4 两河口平水年三层叠梁门取水方案相关信息

时间	月均水位/m	库底高程/m	每层水深/m	引水口高程/m		引水口所在层数		引水层数	下泄流量/(m³/s)
				底坎	顶部	上限	下限		
1 月	2849.98	2600.00	6.20	2807.00	2821.00	8	5	4	583.99
2 月	2838.29	2600.00	6.00	2807.00	2821.00	6	3	4	613.71
3 月	2824.10	2600.00	5.60	2793.00	2807.00	6	3	4	654.15

续表

时间	月均水位/m	库底高程/m	每层水深/m	引水口高程/m		引水口所在层数		引水层数	下泄流量/（m³/s）
				底坎	顶部	上限	下限		
4 月	2807.44	2600.00	5.20	2779.00	2793.00	6	3	4	709.24
5 月	2791.83	2600.00	4.80	2765.00	2779.00	6	3	4	770.30
6 月	2790.58	2600.00	4.80	2765.00	2779.00	5	2	4	741.56
7 月	2807.07	2600.00	5.20	2779.00	2793.00	6	3	4	741.56
8 月	2823.31	2600.00	5.60	2793.00	2807.00	6	3	4	741.56
9 月	2845.78	2600.00	6.10	2807.00	2821.00	7	4	4	741.56
10 月	2862.68	2600.00	6.60	2807.00	2821.00	9	6	4	741.56
11 月	2863.74	2600.00	6.60	2807.00	2821.00	9	6	4	552.54
12 月	2858.87	2600.00	6.50	2807.00	2821.00	9	6	4	563.27

表 7.5　　　　　　　　　两河口平水年四层叠梁门取水方案相关信息

时间	月均水位/m	库底高程/m	每层水深/m	引水口高程/m		引水口所在层数		引水层数	下泄流量/（m³/s）
				底坎	顶部	上限	下限		
1 月	2849.98	2600.00	6.20	2821.00	2835.00	5	2	4	583.99
2 月	2838.29	2600.00	6.00	2807.00	2821.00	6	3	4	613.71
3 月	2824.10	2600.00	5.60	2793.00	2807.00	6	3	4	654.15
4 月	2807.44	2600.00	5.20	2779.00	2793.00	6	3	4	709.24
5 月	2791.83	2600.00	4.80	2765.00	2779.00	6	3	4	770.30
6 月	2790.58	2600.00	4.80	2765.00	2779.00	5	2	4	741.56
7 月	2807.07	2600.00	5.20	2779.00	2793.00	6	3	4	741.56
8 月	2823.31	2600.00	5.60	2793.00	2807.00	6	3	4	741.56
9 月	2845.78	2600.00	6.10	2807.00	2821.00	7	4	4	741.56
10 月	2862.68	2600.00	6.60	2821.00	2835.00	7	4	4	741.56
11 月	2863.74	2600.00	6.60	2821.00	2835.00	7	4	4	552.54
12 月	2858.87	2600.00	6.50	2821.00	2835.00	7	4	4	563.27

两河口水电站是以发电为主的巨型水电工程，水库正常蓄水位 2865.00m，死水位 2785.00m，调节库容 65.6 亿 m³，具有多年调节能力。

根据四川径流特性、水电站群出力特点和电力系统需要，两河口水库按年调节方式运行：汛初 6 月水库开始蓄水，电站按不低于保证出力运行，水库水位逐渐抬高，一般至 11 月底坝前水位蓄至正常蓄水位 2865.00m，11 月至翌年 5 月底为供水期，水库水位逐渐降低，翌年 5 月底坝前水位降至死水位 2785.00m，全年水位变幅 80m。根据两河口水库资料，平水年为 1964 年 6 月至 1965 年 5 月，丰水年为 1954 年 6 月至 1955 年 5 月，枯水年为 1973 年 6 月至 1974 年 5 月。根据两河口水库 50 年系列平均各时段水库水位过程以及环保水温要求，并兼顾电站进水口布置等因素分析，平水年采用四层、三层、二层、一层叠梁门以及单层进水口取水方案，各月取水口高程见表 7.6。

表 7.6　　　　　　　　平水年两河口水电站不同叠梁门方案取水口高程表　　　　　　　　单位：m

月份	四层叠梁门取水口高程	三层叠梁门取水口高程	二层叠梁门取水口高程	一层叠梁门取水口高程	单层进水口高程
6 月	2779.00	2779.00	2779.00	2779.00	2779.00
7 月	2793.00	2793.00	2793.00	2793.00	2779.00
8 月	2807.00	2807.00	2807.00	2793.00	2779.00
9 月	2821.00	2821.00	2807.00	2793.00	2779.00
10 月	2835.00	2821.00	2807.00	2793.00	2779.00
11 月	2835.00	2821.00	2807.00	2793.00	2779.00
12 月	2835.00	2821.00	2807.00	2793.00	2779.00
1 月	2835.00	2821.00	2807.00	2793.00	2779.00
2 月	2821.00	2821.00	2807.00	2793.00	2779.00
3 月	2807.00	2807.00	2807.00	2793.00	2779.00
4 月	2793.00	2793.00	2793.00	2793.00	2779.00
5 月	2779.00	2779.00	2779.00	2779.00	2779.00

四层叠梁门方案水库水位在 2846.00m 以上时，门叶整体挡水，为第一层取水；水库水位在 2846.00～2832.00m 之间时，吊起第一节叠梁门，仅用第二、第三、第四节门叶挡水，此时挡水闸门顶高程为 2807.00m，此为第二层取水；水库水位在 2832.00～2818.00m 之间时，继续吊起第二节叠梁门，仅用第三、第四节门叶挡水，此时挡水闸门顶高程为 2793.00m，此为第三层取水；水库水位在 2818.00～2804.00m 之间时，继续吊起第三节叠梁门，仅用第四节门叶挡水，此时挡水闸门顶高程为 2779.00m，此为第四层取水；水库水位降至 2804.00m 以下时，继续吊起第四节叠梁门，无闸门挡水，此为第五层取水。

三层叠梁门方案水库水位在 2832.00m 以上时，门叶整体挡水，为第一层取水；水库水位在 2832.00～2818.00m 之间时，吊起第一节叠梁门，仅用第二、第三节门叶挡水，此时挡水闸门顶高程为 2793.00m，此为第二层取水；水库水位在 2818.00～2804.00m 之间时，继续吊起第二节叠梁门，仅用第三节门叶挡水，此时挡水闸门顶高程为 2779.00m，此为第三层取水；水库水位降至 2804.00m 以下时，继续吊起第三节叠梁门，无闸门挡水，此为第四层取水。

二层叠梁门方案水库水位在 2818.00m 以上时，门叶整体挡水，为第一层取水；水库水位在 2818.00～2804.00m 之间时，吊起第一节叠梁门，仅用第二节门叶挡水，此时挡水闸门顶高程为 2779.00m，此为第二层取水；水库水位降至 2804.00m 以下时，继续吊起第二节叠梁门，无闸门挡水，此为第三层取水。

一层叠梁门方案水库水位在 2804.00m 以上时，使用一层门叶挡水，为第一层取水；水库水位降至 2804.00m 以下时，吊起叠梁门，无闸门挡水，此为第二层取水。

7.2.2 二滩水库分层取水方案

二滩水库采用单层取水口方式取水，取水口高程全年固定不变，其底板高程为1128.00m。每年6月水库从死水位1155.00m开始蓄水，7月中旬达到正常蓄水位1200.00m，8—11月按正常蓄水位运行，12月开始供水，至翌年5月降至死水位。

7.3 适合大型水库水温预测经验回归模型的比选与应用

7.3.1 水温预测经验回归模型的比选

对水温预测经验回归模型和武汉大学李兰团队改进的经验回归模型进行比选研究，重点讨论了表层水温动态变化过程的经验回归模型和垂向水温分层的经验回归模型。上述这些水温经验回归模型已在第4~5章结合二滩水库实例已进行了模拟预测，本节进一步统计最大水温绝对误差、平均水温绝对误差、绝对误差小于1.0℃的合格率等模型误差指标，以这三个误差指标作为模型比选的评价指标，并根据误差指标最小和合格率最高为原则推荐最佳模型。

对两河口大型水库分层取水无叠梁门方案、单层叠梁门方案~四层叠梁门方案共五种方案，分别采用武汉大学李兰课题组改进的余弦函数公式（5.1）计算两河口水库的库表月平均水温动态过程；分别采用李兰库表沿程水温非线性指数函数公式（5.3）计算两河口水库的月平均水温沿程变化；分别采用李兰垂向水温指数函数公式（5.4）计算两河口的垂向水温；将推荐的模型计算结果分别与三维EFDC水温模型计算的数值结果进行对比分析，分析判断推荐模型的适应性。

7.3.1.1 水库表层月平均水温变化过程经验公式的比选

对EMO年、月平均水温计算模型［式（1.8）和式（1.9）］、余弦函数与统计法联合模型［式（1.105）~式（1.108）］、武汉大学李兰课题组改进的余弦函数模型［式（5.1）］三个模型开展误差分析和对比研究。这三种方法模拟计算二滩水库2003—2006年4年连续动态库表月平均水温过程与实测过程对比图见图7.1。

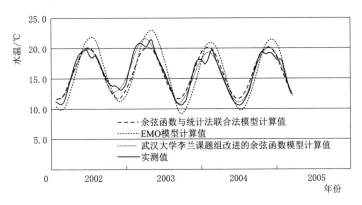

图7.1 三种模型计算二滩水库库表月平均水温动态过程与实测过程对比图

表 7.7 三种方法评价指标计算结果表

预测方法	余弦函数与统计法联合模型	EMO 模型	武汉大学李兰课题组改进的余弦函数模型
平均水温绝对误差/℃	0.8	1.7	0.6
最大水温绝对误差/℃	3.0	3.6	1.8
绝对误差小于1℃的合格率/%	60.4	29.2	83.3

从表 7.7 计算结果可知：

三种方法按照平均水温绝对误差从小至大排序，分别是：武汉大学李兰课题组改进的余弦函数模型，余弦函数与统计法联合模型，EMO 模型。

三种方法按照最大水温绝对误差从小至大排序，分别是：武汉大学李兰课题组改进的余弦函数模型，余弦函数与统计法联合模型，EMO 模型。

三种方法按照绝对误差小于 1.0℃ 合格率从大至小排序，分别是：武汉大学李兰课题组改进的余弦函数模型，余弦函数与统计法联合模型，EMO 模型。

因此，推荐武汉大学李兰课题组改进的余弦函数模型为最优方法。

7.3.1.2 垂向水温回归模型的比选

对余弦函数法 [式 (1.100)～式 (1.104)]、指数函数法 [式 (1.98) 和式 (1.99)]、统计法 [式 (1.90)～式 (1.93)]、李怀恩法 [式 (1.109) 和式 (1.110)] 和李兰垂向水温指数函数法 [式 (5.4)] 五种模型开展误差分析对比研究。五种方法对二滩垂向水温的模拟结果与实测水温对比图见图 7.2。

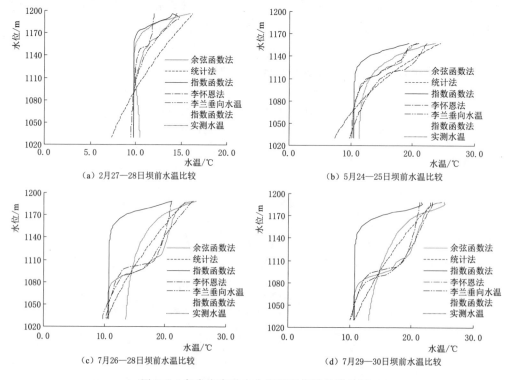

图 7.2 各类水库垂向水温预测模型的比选图

五种方法评价指标计算结果见表7.8。

表 7.8 各类方法评价指标计算结果表

预测方法	余弦函数法	统计法	指数函数法	李怀恩法	李兰垂向水温指数函数法
平均水温绝对误差/℃	1.8	1.5	3.0	0.9	0.3
最大水温绝对误差/℃	4.3	3.8	9.7	3.6	1.5
绝对误差小于1℃的合格率/%	36.6	30.5	48.8	70.1	94.5

从表7.8计算结果可知：

（1）五种方法按照平均水温绝对误差从小至大排序，分别是：李兰垂向水温指数函数法，李怀恩法，统计法，余弦函数法，指数函数法。

（2）五种方法按照最大水温绝对误差从小至大排序，分别是：李兰垂向水温指数函数法，李怀恩法，统计法，余弦函数法，指数函数法。

（3）五种方法按照绝对误差小于1.0℃合格率从大至小排序，分别是：李兰垂向水温指数函数法，李怀恩法，指数函数法，余弦函数法，统计法。

因此，推荐李兰垂向水温指数函数法为最优方法。

7.3.2 武汉大学李兰课题组改进的余弦函数模型与三维数值模型的比选

通过前面各类水温动态预测模型的比选可知，武汉大学李兰课题组改进的余弦函数模型［式（5.1）］对两河口水库库表月平均水温动态过程的模拟效果最佳。进一步采用改进的余弦函数公式（5.1）对两河口水库库表月平均水温动态变化过程进行模拟，并将结果与两河口水库分层取水五种取水设计方案的数值计算成果进行比较，其中：方案0为单层取水方案；方案1为一层叠梁门取水方案；方案2为二层叠梁门取水方案；方案3为三层叠梁门取水方案；方案4为四层叠梁门取水方案。具体预测结果见图7.3。

由图7.3可知，武汉大学李兰课题组改进的余弦函数公式（5.1）对两河口水库库表月平均水温动态过程的模拟效果与三维EFDC数值模型模拟的库表水温过程线非常吻合，公式（5.1）在初期水温与高温水温比三维数值模拟结果偏低，但绝对误差值不超过2℃。改进的余弦函数公式（5.1）比数值计算方法要简单得多，使用资料少，可快速计算出结果。

7.3.3 李兰库表沿程水温非线性指数函数公式与数值模型的比选

将李兰库表沿程水温非线性指数函数公式（5.3）应用于两河口水库模拟预测各月库表平均水温的沿程变化，并与叠梁门5个设计方案的三维环境流体动力学模型（EFDC）数值计算成果进行对比分析，其中方案0和推荐的方案3两种取水方案计算结果见图7.4和图7.5。

7.3.3.1 方案0（无叠梁门单层取水方案）预测结果

由图7.4可知，方案0在12月两种方法计算水温最大绝对误差为2.3℃，其余11个月两种方法计算结果非常接近，说明李兰库表沿程水温非线性指数函数公式（5.3）适合大型水库库表水温沿程变化的计算。

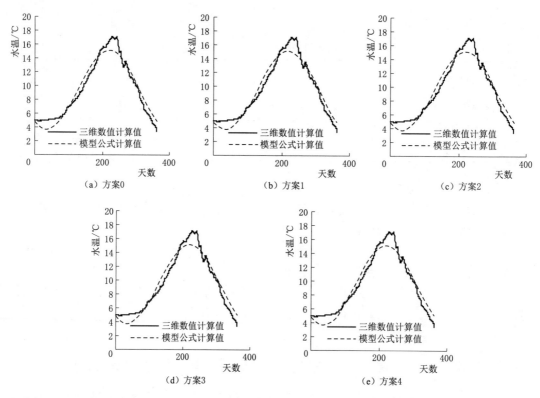

图 7.3 两河口水库库表月平均水温改进的余弦函数模型预测与三维数值模型预测过程线对比图

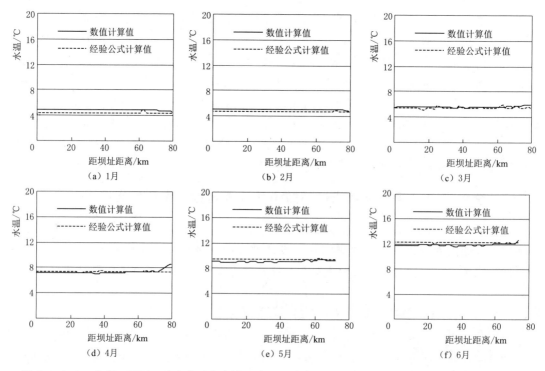

图 7.4 (一) 方案 0 两河口水库李兰库表沿程水温非线性指数函数公式与数值模型模拟结果对比图

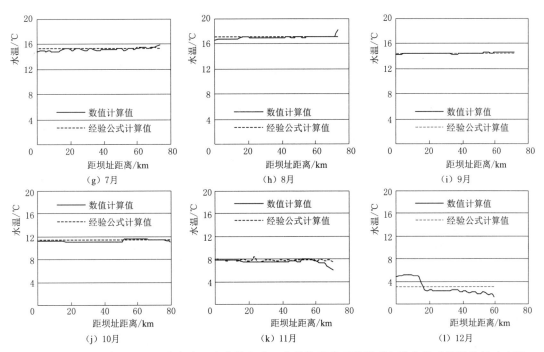

图 7.4（二） 方案 0 两河口水库李兰库表沿程水温非线性指数函数模型与数值模型模拟结果对比图

7.3.3.2 方案 3（三层叠梁门）预测结果

由图 7.5 可知，方案 3 除了在 12 月两种方法计算水温最大绝对误差为 2.1℃。其余 11 个月两种方法计算结果非常相近，进一步说明李兰库表沿程水温非线性指数公式（5.3）适合大型水库库表水温沿程变化的计算。

7.3.4 李兰垂向水温指数函数公式与三维数值模型的比选

本节利用两河口水库数值计算的流速成果，采用李兰垂向水温指数函数公式（5.4）进行垂向水温预测计算，并将计算结果与三维 EFDC 数值模型预测值进行对比，两种方法均在两河口水库分层取水方案 0 和方案 3 条件下，预测结果见图 7.6 和图 7.7。

7.3.4.1 方案 0（无叠梁门方案）预测结果

图 7.6 是李兰垂向水温指数函数公式（5.4）和三维 EFDC 数值模型计算两河口水库分层取水方案 0 的垂向水温分层预测计算对比图，方案 0 中 12 个月两种方法计算水温最大绝对误差为 0.3℃，两种方法计算结果非常接近，说明李兰垂向水温指数函数公式（5.4）适合大型水库垂向水温分层计算。

7.3.4.2 方案 3（三层叠梁门）预测结果

图 7.7 是李兰垂向水温指数函数公式（5.4）和三维 EFDC 数值模型计算两河口水库分层取水方案 3 的垂向水温分层预测计算对比图，方案 3 中 12 个月两种方法计算水温最大绝对误差很小，两种方法计算结果十分一致，进一步说明李兰垂向水温指数函数公式（5.4）适合大型水库垂向水温分层计算。

从垂向水温模拟结果可以看出，推荐的李兰垂向水温指数函数公式计算的水温与数值模型模拟的水温拟合很好，差值基本都在 0.3℃ 以下。误差稍大的部分主要出现在表层和底层。

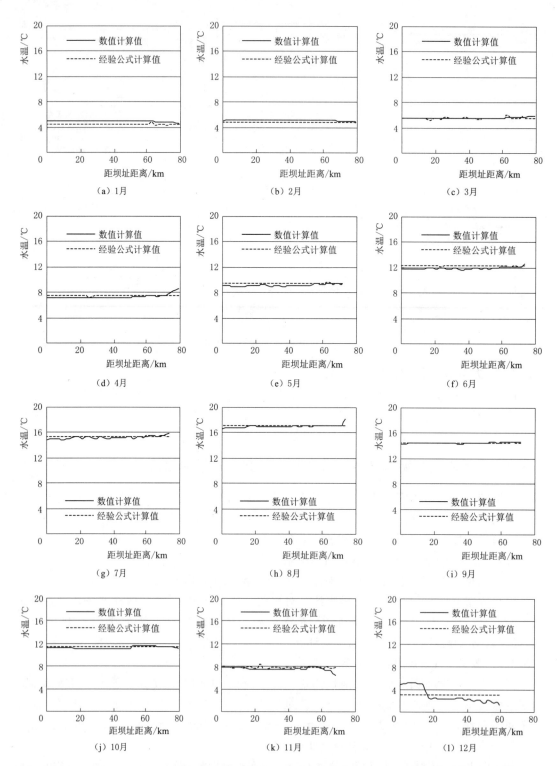

图 7.5 方案 3 两河口水库李兰库表沿程水温非线性指数函数公式与数值模型模拟结果对比图

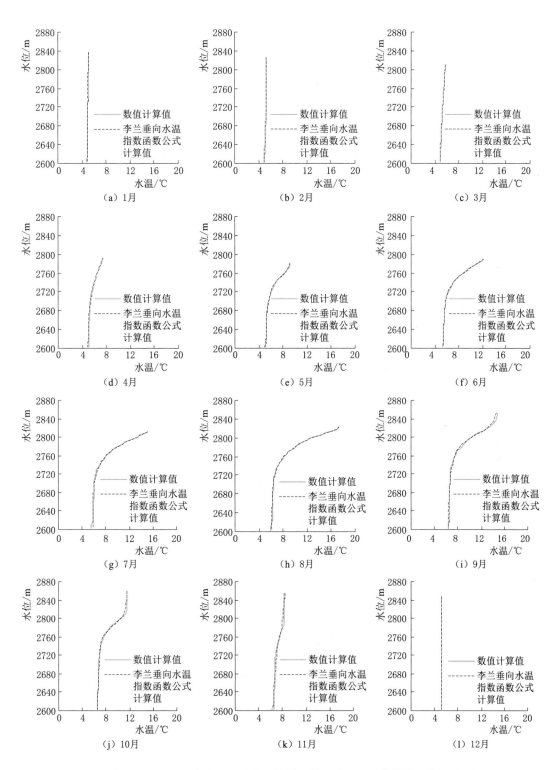

图 7.6　方案 0 下两河口水库李兰垂向水温指数函数公式与三维数值模型模拟结果对比图

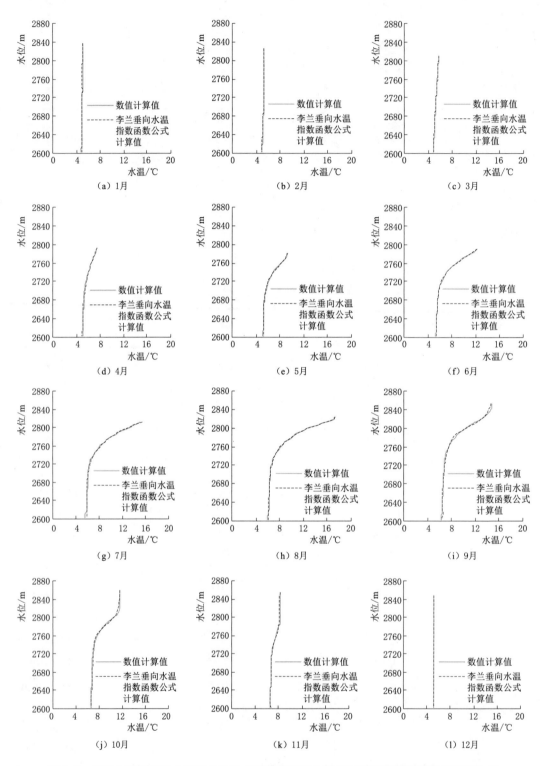

图 7.7　方案 3 下两河口水库李兰垂向水温指数函数公式与三维数值模型模拟结果对比图

7.3.5　分层取水效果分析

7.3.5.1　分层取水方案 0（单层取水口）效果分析

图 7.8 显示了两河口水库平水年逐月坝前垂向水温分布。根据垂向水温的预测结果，1—3 月为低温期，受库区气温和太阳辐射影响水体温度较低，整个库区水体趋于同温。

4—6 月为升温期，随着气温和太阳辐射大幅度上升，水体温度逐渐攀升，表层水温增速更为明显，从 4 月的 7.5℃ 升至 6 月的 12.3℃，且水温的升高主要集中在表层 30～60m 的水体中，底部水温几乎没有改变，维持 5℃ 左右的低温。

7—9 月为高温期，水库水位逐渐抬高，入流水温和气温达到最高，表层水体吸收大量的热量继续保持高温，8 月表层水温达到全年最大，为 17.2℃，水库垂向分层明显。库底水温比前几月略有上升，但基本保持 5.8～6.3℃ 低温。

10—12 月为降温期，随着入流水温、气温和太阳辐射的逐渐下降，水体向大气散失热量而开始降温，冷水下沉使表层温跃层减弱，整个库区垂向上的水温随之均匀地降低。

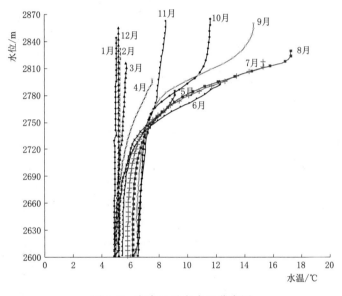

图 7.8　方案 0 垂向水温分布图

表 7.9 和图 7.9 比较了两河口水库的月均气温、坝前表层水温、下泄水温、库底水温及坝址处天然水温。由图 7.9 可知，表层水体由于与大气直接进行热交换，水温受季节影响明显，年内变化趋势与气温比较接近。1 月表层水温最低，为 5.0℃；8 月最高，为 17.2℃，年内变化达 12.2℃。水库全年蓄水较深，库底水温年内变化幅度很小，1 月库底水温最低，为 4.8℃；由于热量向下传递速度较慢，10 月库底水温才达到最大值 6.5℃，全年变幅仅 1.7℃。水库采用单层取水口方案取水时，取水口高程固定不变，夏季下泄水温偏低。4—8 月下泄水温均低于建库前天然水温，平均下降了 2.2℃，其中 5 月降幅最大，为 3.6℃；9 月至次年 3 月下泄水温比坝址处天然水温要高，平均上升了 2.8℃，冬季下游水温得到了较大的提高。

表 7.9 　　　　　　单层取水口方案月平均气温、坝前表层水温、下泄
水温、库底水温及坝址处天然水温 　　　　　　　　单位：℃

时间	1月	2月	3月	4月	5月	6月	7月	8月	9月	10月	11月	12月
平均气温	−3.3	2.5	5.2	11.0	13.8	15.5	18.0	16.9	16.1	12.6	5.2	−3.8
坝前表层水温	5.0	5.3	5.7	7.5	9.1	12.3	15.3	17.2	14.6	11.6	8.5	5.2
下泄水温	5.0	5.3	5.6	6.9	8.2	10.4	11.7	13.3	13.1	11.1	8.1	5.2
库底水温	4.8	4.9	4.9	5.0	4.9	5.5	5.8	6.1	6.3	6.5	6.2	5.2
坝址处天然水温	0.1	1.6	3.8	9.5	11.8	12.9	13.4	14.0	12.3	10.2	4.8	0.7

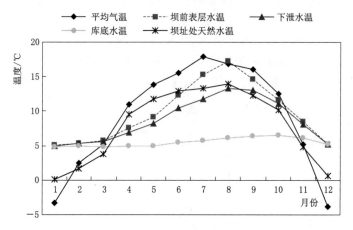

图 7.9　方案 0 五要素图

7.3.5.2　分层取水方案 1（一层叠梁门）效果分析

图 7.10 显示了两河口水库平水年逐月坝前垂向水温分布。坝前垂向水温总体分布规律与单层取水口方案类似。根据垂向水温的预测结果，1—3 月为低温期，受库区气温和

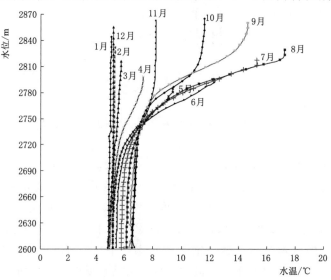

图 7.10　方案 1 垂向水温分布图

太阳辐射影响水体温度较低，整个库区水体趋于同温。

4—6月为升温期，随着气温和太阳辐射大幅度上升，水体温度逐渐攀升，表层水温增速更为明显，从4月的7.3℃升至6月的12.3℃，且水温的升高主要集中在表层30～60m的水体中，底部水温几乎没有改变，维持5℃左右的低温。

7—9月为高温期，水库水位逐渐抬高，入流水温和气温达到最高，表层水体吸收大量的热量继续保持高温，8月表层水温达到全年最大，为17.2℃，水库垂向分层明显。库底水温比前几个月略有上升，但基本保持5.8～6.3℃低温。

10—12月为降温期，随着入流水温、气温和太阳辐射的逐渐下降，水体向大气散失热量而开始降温，冷水下沉使表层温跃层减弱，整个库区垂向上的水温随之均匀地降低，直至12月水体趋于同温。

表7.10和图7.11比较了两河口水库的月平均气温、坝前表层水温、下泄水温、库底水温及坝址处天然水温。由图7.11可知，表层水体由于与大气直接进行热交换，水温受季节影响明显，年内变化趋势与气温比较接近。1月表层水温最低，为5.0℃；8月最高，为17.2℃，年内变化达12.2℃。水库全年蓄水较深，库底水温年内变化幅度很小，1月库底水温最低，为4.8℃；由于热量向下传递速度较慢，11月库底水温才达到最大值6.7℃，全年变幅仅1.9℃。水库采用一层叠梁门方案取水时，取水口高程随着运行水位的变化而变化。4—10月下泄水温均低于建库前天然水温，平均下降了2.6℃，其中5月降幅最大，为3.6℃；11月至次年3月下泄水温比坝址处天然水温要高，平均上升了3.5℃。

表7.10　　　　　一层叠梁门方案月平均气温、坝前表层水温、下泄
水温、库底水温及坝址处天然水温　　　　　　　单位：℃

时间	1月	2月	3月	4月	5月	6月	7月	8月	9月	10月	11月	12月
平均气温	−3.3	2.5	5.2	11.0	13.8	15.5	18.0	16.9	16.1	12.6	5.2	−3.8
坝前表层水温	5.0	5.3	5.7	7.3	9.4	12.3	15.3	17.2	14.6	11.6	8.2	5.2
下泄水温	5.0	5.3	5.6	6.9	8.2	10.4	11.7	10.8	9.2	8.8	7.9	5.2
库底水温	4.8	4.9	4.9	4.9	5.2	5.5	5.8	6.1	6.3	6.5	6.7	5.2
坝址处天然水温	0.1	1.6	3.8	9.5	11.8	12.9	13.4	14.0	12.3	10.2	4.8	0.7

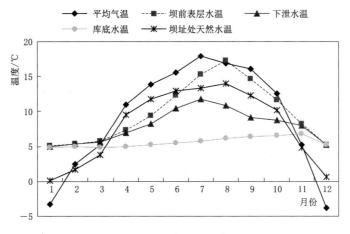

图7.11　方案1五要素图

7.3.5.3 分层取水方案 2（二层叠梁门）效果分析

图 7.12 显示了两河口水库平水年逐月坝前垂向水温分布。坝前垂向水温总体分布规律与单层取水口方案类似。根据垂向水温的预测结果，1—3 月为低温期，受库区气温和太阳辐射影响水体温度较低，整个库区水体趋于同温。

4—6 月为升温期，随着气温和太阳辐射大幅度上升，水体温度逐渐攀升，表层水温增速更为明显，从 4 月的 7.5℃升至 6 月的 12.3℃，且水温的升高主要集中在表层 30～60m 的水体中，底部水温几乎没有改变，维持 5℃左右的低温。

7—9 月为高温期，水库水位逐渐抬高，入流水温和气温达到最高，表层水体吸收大量的热量继续保持高温，8 月表层水温达到全年最大，为 17.2℃，水库垂向分层明显。库底水温比前几个月略有上升，但基本保持 5.8～6.3℃低温。

10—12 月为降温期，随着入流水温、气温和太阳辐射的逐渐下降，水体向大气散失热量而开始降温，冷水下沉使表层温跃层减弱，整个库区垂向上的水温随之均匀地降低，直至 12 月水体趋于同温。

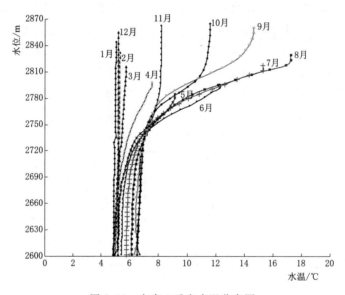

图 7.12 方案 2 垂向水温分布图

表 7.11 和图 7.13 比较了两河口水库的月平均气温、坝前表层水温、下泄水温、库底水温及坝址处天然水温。由图 7.11 可知，表层水体由于与大气直接进行热交换，水温受季节影响明显，年内变化趋势与气温比较接近。1 月表层水温最低，为 5.0℃；8 月最高，为 17.2℃，年内变化达 12.2℃。水库全年蓄水较深，库底水温年内变化幅度很小，1 月库底水温最低，为 4.8℃；由于热量向下传递速度较慢，11 月库底水温才达到最大值 6.7℃，全年变幅仅 1.9℃。水库采用二层叠梁门方案取水时，取水口高程随着运行水位的变化而变化。4—9 月下泄水温均低于建库前天然水温，平均下降了 2.0℃，其中 5 月降幅最大，为 3.6℃；10 月至次年 3 月下泄水温比坝址处天然水温要高，平均上升了 3.0℃。夏季下泄低温水现象得到了一定改善。

表 7.11　　二层叠梁门方案月平均气温、坝前表层水温、下泄水温、库底水温及坝址处天然水温　单位：℃

时间	1月	2月	3月	4月	5月	6月	7月	8月	9月	10月	11月	12月
平均气温	−3.3	2.5	5.2	11.0	13.8	15.5	18.0	16.9	16.1	12.6	5.2	−3.8
坝前表层水温	5.0	5.3	5.7	7.5	9.1	12.3	15.3	17.2	14.6	11.6	8.2	5.2
下泄水温	5.0	5.3	5.6	6.9	8.2	10.4	11.7	13.3	11.2	10.2	8.1	5.2
库底水温	4.8	4.9	4.9	5.0	4.9	5.5	5.8	6.1	6.3	6.5	6.7	5.2
坝址处天然水温	0.1	1.6	3.8	9.5	11.8	12.9	13.4	14.0	12.3	10.2	4.8	0.7

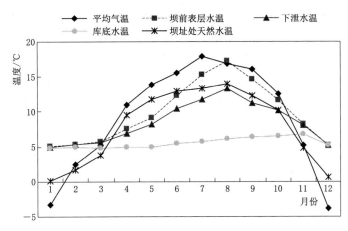

图 7.13　方案 2 五要素图

7.3.5.4　分层取水方案 3（三层叠梁门）效果分析

图 7.14 显示了两河口水库平水年逐月坝前垂向水温分布。坝前垂向水温总体分布规

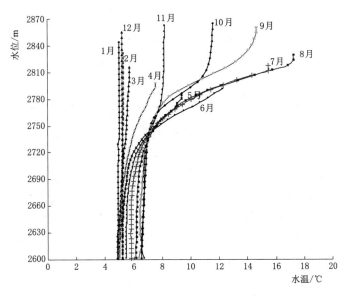

图 7.14　方案 3 垂向水温分布图

律与单层取水口方案类似。根据垂向水温的预测结果，1—3 月为低温期，受库区气温和太阳辐射影响水体温度较低，整个库区水体趋于同温。

4—6 月为升温期，随着气温和太阳辐射大幅度上升，水体温度逐渐攀升，表层水温增速更为明显，从 4 月的 7.5℃升至 6 月的 12.3℃，且水温的升高主要集中在表层 30～60m 的水体中，底部水温几乎没有改变，维持 5℃左右的低温。

7—9 月为高温期，水库水位逐渐抬高，入流水温和气温达到最高，表层水体吸收大量的热量继续保持高温，8 月表层水温达到全年最大，为 17.2℃，水库垂向分层明显。库底水温比前几个月略有上升，但基本保持 5.8～6.3℃低温。

10—12 月为降温期，随着入流水温、气温和太阳辐射的逐渐下降，水体向大气散失热量而开始降温，冷水下沉使表层温跃层减弱，整个库区垂向上的水温随之均匀地降低，直至 12 月水体趋于同温。

表 7.12 和图 7.15 比较了两河口水库的月平均气温、坝前表层水温、下泄水温、库底水温及坝址处天然水温。由图 7.15 可知，表层水体由于与大气直接进行热交换，水温受季节影响明显，年内变化趋势与气温比较接近。1 月表层水温最低，为 5.0℃；8 月最高，为 17.2℃，年内变化达 12.2℃。水库全年蓄水较深，库底水温年内变化幅度很小，1 月库底水温最低，为 4.8℃；由于热量向下传递速度较慢，11 月库底水温才达到最大值 6.7℃，全年变幅仅 1.9℃。水库采用三层取水口方案取水时，取水口高程随着运行水位的变化而变化。9 月至次年 3 月下泄水温比坝址天然水温要高，平均上升了 2.8℃；4～8 月下泄水温低于建库前天然水温，平均下降了 2.3℃，其中 8 月下泄水温仅下降 0.7℃。三层叠梁门方案较好地改善了夏季低温水下泄和冬季水温升高的现象。

表 7.12　　　　三层叠梁门方案月平均气温、坝前表层水温、

下泄水温、库底水温及坝址处天然水温　　　　单位:℃

时间	1 月	2 月	3 月	4 月	5 月	6 月	7 月	8 月	9 月	10 月	11 月	12 月
平均气温	−3.3	2.5	5.2	11.0	13.8	15.5	18.0	16.9	16.1	12.6	5.2	−3.8
坝前表层水温	5.0	5.3	5.7	7.5	9.4	12.3	15.5	17.2	14.6	11.6	8.2	5.2
下泄水温	5.0	5.3	5.6	6.9	8.2	10.4	11.5	13.3	13.1	11.1	8.1	5.2
库底水温	4.8	4.9	4.9	5.0	5.2	5.5	5.8	6.1	6.3	6.5	6.7	5.2
坝址处天然水温	0.1	1.6	3.8	9.5	11.8	12.9	13.4	14.0	12.3	10.2	4.8	0.7

7.3.5.5　分层取水方案 4（四层叠梁门）效果分析

图 7.14 显示了两河口水库平水年逐月坝前垂向水温分布。坝前垂向水温总体分布规律与单层取水口方案类似。根据垂向水温的预测结果，1—3 月为低温期，受库区气温和太阳辐射影响水体温度较低，整个库区水体趋于同温。

4—6 月为升温期，随着气温和太阳辐射大幅度上升，水体温度逐渐攀升，表层水温增速更为明显，从 4 月的 7.5℃升至 6 月的 12.3℃，且水温的升高主要集中在表层 30～60m 的水体中，底部水温几乎没有改变，维持 5℃左右的低温。

7—9 月为高温期，水库水位逐渐抬高，入流水温和气温达到最高，表层水体吸收大量的热量继续保持高温，8 月表层水温达到全年最大，为 17.2℃，水库垂向分层明显。库

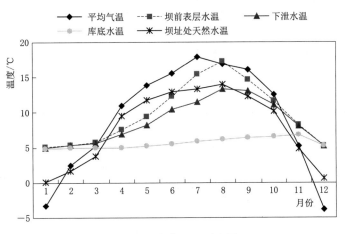

图 7.15　方案 3 五要素图

底水温比前几个月略有上升，但基本保持 5.8～6.3℃ 低温。

10—12 月为降温期，随着入流水温、气温和太阳辐射的逐渐下降，水体向大气散失热量而开始降温，冷水下沉使表层温跃层减弱，整个库区垂向上的水温随之均匀地降低，直至 12 月水体趋于同温。

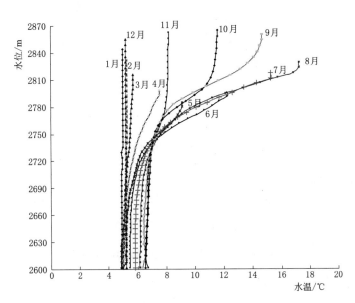

图 7.16　方案 4 垂向水温分布图

表 7.13 和图 7.17 比较了两河口水库的月平均气温、坝前表层水温、下泄水温、库底水温及坝址处天然水温。由图 7.17 可知，表层水体由于与大气直接进行热交换，水温受季节影响明显，年内变化趋势与气温比较接近。1 月表层水温最低，为 5.0℃；8 月最高，为 17.2℃，年内变化达 12.2℃。水库全年蓄水较深，库底水温年内变化幅度很小，1 月库底水温最低，为 4.8℃；由于热量向下传递速度较慢，11 月库底水温才达到最大值 6.7℃，全年变幅仅 1.9℃。水库采用四层取水口方案取水时，取水口高程随着运行水位的变化而

变化。4—8 月下泄水温低于建库前天然水温，平均下降了 2.2℃，其中 5 月降幅最大，为 3.6℃；9 月至次年 3 月下泄水温比坝址处天然水温要高，平均上升了 2.9℃。四层叠梁门方案较好地改善了夏季低温水下泄的现象。

表 7.13　　　　　四层叠梁门方案月平均气温、坝前表层水温、

下泄水温、库底水温及坝址处天然水温　　　　　单位：℃

时间	1 月	2 月	3 月	4 月	5 月	6 月	7 月	8 月	9 月	10 月	11 月	12 月
平均气温	−3.3	2.5	5.2	11.0	13.8	15.5	18.0	16.9	16.1	12.6	5.2	−3.8
坝前表层水温	5.0	5.3	5.7	7.5	9.1	12.3	15.3	17.2	14.6	11.6	8.2	5.2
下泄水温	5.0	5.3	5.6	6.9	8.2	10.4	11.7	13.3	13.1	11.4	8.2	5.2
库底水温	4.8	4.9	4.9	5.0	4.9	5.5	5.8	6.1	6.3	6.5	6.7	5.2
坝址处天然水温	0.1	1.6	3.8	9.5	11.8	12.9	13.4	14.0	12.3	10.2	4.8	0.7

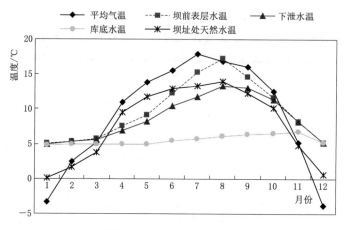

图 7.17　方案 4 五要素图

7.3.5.6　不同方案下泄水温比较

表 7.14 和图 7.18 比较了两河口水库平水年各方案下的下泄水温与建库前坝址处天然水温。不同的进水口形式对下泄水温过程的影响较为明显。

表 7.14　　　　　　　　各方案下泄水温与坝址处天然水温的比较　　　　　单位：℃

时间	方案 0 下泄水温	方案 1 下泄水温	方案 2 下泄水温	方案 3 下泄水温	方案 4 下泄水温	天然水温
1 月	5.0	5.0	5.0	5.0	5.0	0.1
2 月	5.3	5.3	5.3	5.3	5.3	1.6
3 月	5.5	5.6	5.6	5.6	5.6	3.8
4 月	6.5	6.9	6.9	6.9	6.9	9.5
5 月	8.2	8.2	8.2	8.2	8.2	11.8
6 月	10.4	10.4	10.4	10.4	10.4	12.9
7 月	9.8	11.7	11.7	11.5	11.7	13.4

续表

时间	方案 0 下泄水温	方案 1 下泄水温	方案 2 下泄水温	方案 3 下泄水温	方案 4 下泄水温	天然水温
8 月	9.1	10.8	13.3	13.3	13.3	14.0
9 月	8.1	9.2	11.2	13.1	13.1	12.3
10 月	7.8	8.8	10.2	11.1	11.4	10.2
11 月	7.6	7.9	8.1	8.1	8.2	4.8
12 月	5.2	5.2	5.2	5.2	5.2	0.7

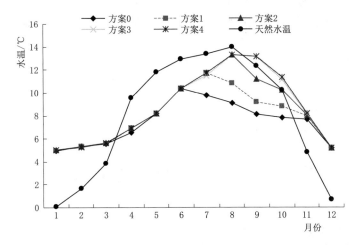

图 7.18　不同方案下月均下泄水温与坝址处天然水温的比较

方案 0 单层取水口取水方案下，多年平均下泄水温比坝址处天然水温下降了 0.5℃。低温期 1—3 月下泄水温比天然水温平均增大 3.5℃。升温期 4—6 月下泄水温较建坝前平均降低约 2.0℃，5 月降幅为 3.6℃。高温期 7—9 月下泄水温较天然水温下降 4.2℃，低温水下泄现象突出，且 8 月降幅为全年最大，达到 4.9℃。降温期 10—12 月下泄水温较建坝前平均升高约 1.7℃，升温明显。

方案 1 低温期 1—3 月下泄水温比天然水温平均增大 3.5℃。升温期 4—6 月下泄水温较建坝前平均降低约 2.9℃，5 月降幅为全年最大，为 3.6℃。高温期 7—9 月下泄水温较天然水温下降 2.6℃，比方案 0 有所提高。降温期 10—12 月下泄水温较建坝前平均升高约 2.1℃。

方案 2 低温期 1—3 月下泄水温比天然水温平均增大 3.5℃。升温期 4—6 月下泄水温较建坝前平均降低约 2.9℃，5 月降幅为全年最大，为 3.6℃。高温期 7—9 月下泄水温较天然水温下降 1.1℃，夏季低温水下泄情况有了明显改善。降温期 10—12 月下泄水温较建坝前平均升高约 2.6℃。

方案 3 低温期 1—3 月下泄水温比天然水温平均增大 3.5℃。升温期 4—6 月下泄水温较建坝前平均降低约 2.9℃，5 月降幅为全年最大，为 3.6℃。高温期 7—9 月下泄水温较天然水温下降 0.6℃，夏季低温水下泄情况有了很好的改善。降温期 10—12 月下泄水温较建坝前平均升高约 2.9℃。

方案 4 低温期 1—3 月下泄水温比天然水温平均增大 3.5℃。升温期 4—6 月下泄水温较建坝前平均降低约 2.9℃，5 月降幅为全年最大，为 3.6℃。高温期 7—9 月下泄水温较天然水温下降 0.5℃，夏季低温水下泄情况有了明显改善。降温期 10—12 月下泄水温较建坝前平均升高约 3.0℃。

平水年四层叠梁门、三层叠梁门、二层叠梁门、一层叠梁门、天然水温条件下的年均下泄水温分别为 8.7℃、8.6℃、8.4℃、7.9℃、7.9℃。在升温期 4—6 月虽然水温分层显著，但该阶段水库运行水位较低，各叠梁门方案最底层叠梁门的顶部高程均为 2779.00m，4—6 月在无叠梁门时已经取到表层水体，增加叠梁门不会对下泄水温有改善；而在冬季和春季各方案的叠梁门取水深度虽然差异较大，但此时水库中上层水体趋于均温分布，因此下泄水温的变化也不甚明显。叠梁门方案仅在 7—10 月起到了减少下泄低温水的作用。

通过对几种叠梁门取水方案的对比，三层叠梁门方案和四层叠梁门方案对夏季低温水下泄现象的改善最为明显。四层叠梁门方案 7—9 月平均水温较三层叠梁门方案仅提高了 0.1℃，且 10 月下泄水温高于天然水温的幅度增大。综合经济指标和施工难度方面考虑，两河口水电站进水口推荐采用三层叠梁门方案是可行的。

7.4　适合大型水库水温预测模型解析解的比选与应用

7.4.1　主要的水温预测模型解析解

适合大型水库的主要水温模型解析解如下：

（1）国外著名的水温模型解析解。John R. Yearsley 拉格朗日水温模型解析解［式（1.60）］、O Mohseni 一维热交换水温模型解析解［式（1.47）］，Michael L. Deas 水库沿程水温模型解析解［式（1.65）］，JI Shun - Wen 不考虑热源项一维垂向水温解析解［式（1.80）］。

（2）半经验半理论模型。李兰库表沿程水温非线性指数函数公式（5.3）和李兰垂向水温指数函数公式（5.4）。

（3）武汉大学李兰课题组改进的水温模型解析解。武汉大学李兰课题组拉格朗日简化模型解析解［式（6.13）］、李兰一维稳态沿程水温解析解［式（6.25）］、李兰一维稳态垂向水温解析解［式（6.22）］、李兰一维动态垂向水温解析解［式（6.35）］。

7.4.2　水温预测解析解方法的比选

7.4.2.1　动态预测解析解方法比选

对 John R. Yearsley 拉格朗日模型解析解［式（1.60）］、武汉大学李兰课题组拉格朗日简化模型解析解［式（6.13）］两个模型进行比选，将两种方法计算结果与二滩 2002 年 1 月至 2005 年 12 月连续 4 年 48 个月的实测水温资料进行对比，见图 7.19，相应评价指标见表 7.15。

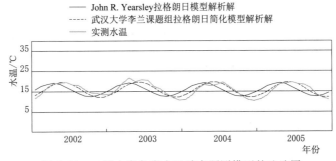

—— John R. Yearsley拉格朗日模型解析解
---- 武汉大学李兰课题组拉格朗日简化模型解析解
—— 实测水温

图 7.19　二滩水库各类水温动态预测模型的比选图

表 7.15　　　　　　　　　　各类方法评价指标计算结果表

预测方法	最大水温绝对误差/℃	平均水温绝对误差/℃	绝对误差小于1.0℃合格率/%
John R. Yearsley 拉格朗日模型	5.18	2.50	22.92
武汉大学李兰课题组拉格朗日简化模型	2.99	1.06	50.00

从表 7.15 计算结果分析可知：

按照最大水温绝对误差从小至大排序，分别是：武汉大学李兰课题组拉格朗日简化模型，John R. Yearsley 拉格朗日模型。

按照平均水温绝对误差从小至大排序，分别是：武汉大学李兰课题组拉格朗日简化模型，John R. Yearsley 拉格朗日模型。

绝对误差小于 1.0℃合格率反映了水温预测模型的整体拟合精度，按照绝对误差小于 1.0℃合格率从大至小排序，分别是：武汉大学李兰课题组拉格朗日简化模型，John R. Yearsley 拉格朗日模型。

从上述 3 种评价指标看，武汉大学李兰课题组拉格朗日简化模型法精度最好，John R. Yearsley 拉格朗日模型法次之。因此，推荐武汉大学李兰课题组拉格朗日简化模型水温计算为最优方法。

7.4.2.2　水温沿程变化预测解析解方法的比选

水温沿程变化预测解析解有：O Mohseni 一维热交换水温模型解析解（OM 模型）、Michael L. Deas 水库沿程水温模型解析解（MLD 模型）、李兰库表沿程水温非线性指数函数公式和李兰一维稳态沿程水温解析解法，各种方法比较研究结果见图 7.20 和图 7.21，各种方法评价指标计算结果见表 7.16 和表 7.17。

表 7.16　　　　　　　　　　5 月各类方法评价指标计算结果表

预测方法	最大水温绝对误差/℃	平均水温绝对误差/℃	绝对误差小于1℃合格率/%
OM 模型	3	1.60	38.50
MLD 模型	1.94	0.99	38.50
李兰库表沿程水温非线性指数函数公式	1.10	0.55	80
李兰一维稳态沿程水温解析解法	1.90	0.91	61.50

表 7.17　　　　　　　　　**7 月各类方法评价指标计算结果表**

预 测 方 法	最大水温绝对误差/℃	平均水温绝对误差/℃	绝对误差小于 1℃合格率/%
OM 模型	4.55	2.74	15.40
MLD 模型	3.19	1.54	53.80
李兰库表沿程水温 非线性指数函数公式	3.50	2.67	8.33
李兰一维稳态 沿程水温解析解法	3.42	1.40	46.10

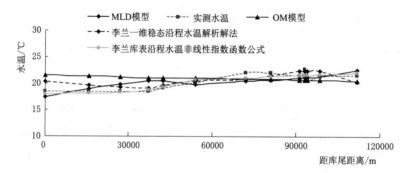

图 7.20　5 月各类水温动态预测模型的比选图

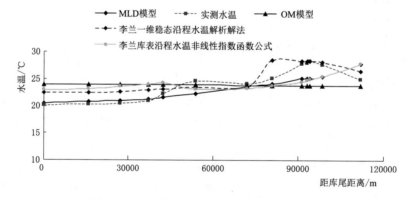

图 7.21　7 月各类水温动态预测模型的比选图

（1）从表 7.16 计算结果可知：

各种方法按照最大水温绝对误差从小至大排序，分别是：李兰库表沿程水温非线性指数函数公式，李兰一维稳态沿程水温解析解法，MLD 模型，OM 模型。

各种方法按照平均水温绝对误差从小至大排序，分别是：李兰库表沿程水温非线性指数函数公式，李兰一维稳态沿程水温解析解法，MLD 模型，OM 模型。

各种方法按照绝对误差小于 1.0℃合格率从大至小排序，分别是：李兰库表沿程水温非线性指数函数公式，李兰一维稳态沿程水温解析解法，MLD 模型，OM 模型。

因此，基于 5 月 24—25 日沿程水温模拟结果对比，推荐李兰库表沿程水温非线性指数函数公式为最优方法，其次是李兰一维稳态沿程水温解析解法。

（2）从表 7.17 计算结果可知：

各种方法按照最大水温绝对误差从小至大排序，分别是：MLD 模型，李兰一维稳态沿程水温解析解法，李兰库表沿程水温非线性指数函数公式，OM 模型。

各种方法按照平均水温绝对误差从小至大排序，分别是：李兰一维稳态沿程水温解析解法，MLD 模型，李兰库表沿程水温非线性指数函数公式，OM 模型。

各种方法按照绝对误差小于 1.0℃ 合格率从大至小排序，分别是：MLD 模型，李兰一维稳态沿程水温解析解法，OM 模型，李兰库表沿程水温非线性指数函数公式。

因此，基于 7 月 26—28 日沿程水温模拟结果对比，推荐 MLD 模型和李兰一维稳态沿程水温解析解法。综合 5 月和 7 月模型评价指标，推荐的最优沿程水温预测方法是李兰一维稳态沿程水温解析解法。

7.4.2.3 垂向水温预测解析解方法的比选

本节主要对比分析了 4 个垂向水温解析解方法：JI Shun - Wen 不考虑热源项一维垂向水温解析解法、李兰垂向水温指数函数公式［式（5.4）］、李兰一维稳态垂向水温解析解法［式（6.22）］、李兰一维动态垂向水温解析解法［式（6.35）］。

各种方法比较研究结果见图 7.22～图 7.25，各种方法评价指标计算结果见表 7.18～表 7.21。

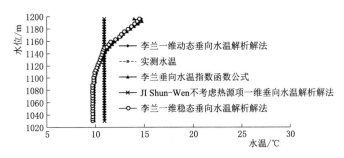

图 7.22 2006 年 3 月 1—2 日各种水温动态预测模型的比选图

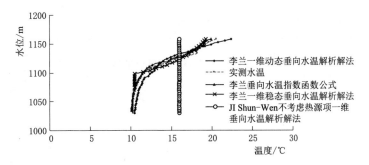

图 7.23 2006 年 5 月 24—25 日各种水温动态预测模型的比选图

（1）从表 7.18 计算结果可知：

各种方法按照最大水温绝对误差从小至大排序，分别是：李兰一维稳态垂向水温解析解法，李兰一维动态垂向水温解析解法，李兰垂向水温指数函数公式，JI Shun - Wen 不考虑热源项一维垂向水温解析解法。

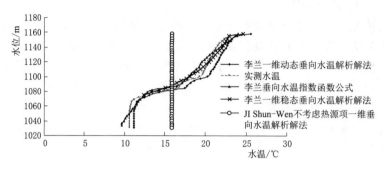

图 7.24 2006 年 7 月 26—28 日各种水温动态预测模型的比选图

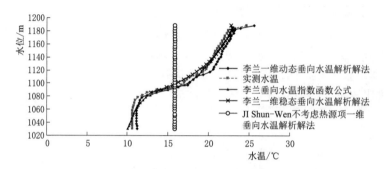

图 7.25 2006 年 7 月 29—30 日各种水温动态预测模型的比选图

表 7.18 2006 年 3 月 1—2 日各种方法评价指标计算结果表

预 测 方 法	最大水温绝对误差/℃	平均水温绝对误差/℃	绝对误差小于 1℃ 合格率/%
JI Shun - Wen 不考虑热源项一维垂向水温解析解法	3.6	1.21	54.84
李兰垂向水温指数函数公式	0.56	0.14	100
李兰一维稳态垂向水温解析解法	0.1	0.07	100
李兰一维动态垂向水温解析解法	0.19	0.10	100

表 7.19 2006 年 5 月 24—25 日各种方法评价指标计算结果表

预 测 方 法	最大水温绝对误差/℃	平均水温绝对误差/℃	绝对误差小于 1℃ 合格率/%
JI Shun - Wen 不考虑热源项一维垂向水温解析解法	5.6	3.59	9.68
李兰垂向水温指数函数公式	0.71	0.17	100
李兰一维稳态垂向水温解析解法	1.31	0.43	97.56
李兰一维动态垂向水温解析解法	1.93	0.71	80.50

  各种方法按照平均水温绝对误差从小至大排序，分别是：李兰一维稳态垂向水温解析解法，李兰一维动态垂向水温解析解法，李兰垂向水温指数函数公式，JI Shun - Wen 不考虑热源项一维垂向水温解析解法。

表 7.20　　　　　　　2006 年 7 月 26—28 日各种方法评价指标计算结果表

预测方法	最大水温绝对误差/℃	平均水温绝对误差/℃	绝对误差小于1℃合格率/%
JI Shun - Wen 不考虑热源项一维垂向水温解析解法	8.7	4.22	9.68
李兰垂向水温指数函数公式	1.31	0.59	82.93
李兰一维稳态垂向水温解析解法	1.43	0.42	90.00
李兰一维动态垂向水温解析解法	1.89	0.71	82.93

表 7.21　　　　　　　2006 年 7 月 29—30 日各种方法评价指标计算结果表

预测方法	最大水温绝对误差/℃	平均水温绝对误差/℃	绝对误差小于1℃合格率/%
JI Shun - Wen 不考虑热源项一维垂向水温解析解法	8.8	4.36	6.45
李兰垂向水温指数函数公式	1.47	0.46	87.80
李兰一维稳态垂向水温解析解法	1.08	0.46	97.5
李兰一维动态垂向水温解析解法	0.86	0.70	100

各种方法按照绝对误差小于 1.0℃合格率从大至小排序，分别是：李兰一维动态垂向水温解析解法、李兰一维稳态垂向水温解析解法、李兰垂向水温指数函数公式并列，JI Shun - Wen 不考虑热源项一维垂向水温解析解法次之。

因此，基于 3 月 1—2 日垂向水温模拟对比结果，推荐李兰一维稳态垂向水温解析解法为最优方法。

（2）从表 7.19 计算结果可知：

各种方法按照最大水温绝对误差从小至大排序，分别是：李兰垂向水温指数函数公式，李兰一维稳态垂向水温解析解法，李兰一维动态垂向水温解析解法，JI Shun - Wen 不考虑热源项一维垂向水温解析解法。

各种方法按照平均水温绝对误差从小至大排序，分别是：李兰垂向水温指数函数公式，李兰一维稳态垂向水温解析解法，李兰一维动态垂向水温解析解法，JI Shun - Wen 不考虑热源项一维垂向水温解析解法。

各种方法按照绝对误差小于 1.0℃合格率从大至小排序，分别是：李兰垂向水温指数函数公式，李兰一维稳态垂向水温解析解法，李兰一维动态垂向水温解析解法，JI Shun - Wen 不考虑热源项一维垂向水温解析解法。

因此，基于 5 月 24—25 日垂向水温模拟对比结果，推荐李兰垂向水温指数函数公式为最优方法。

（3）从表 7.20 计算结果可知：

各种方法按照最大水温绝对误差从小至大排序，分别是：李兰垂向水温指数函数公式，李兰一维稳态垂向水温解析解法，李兰一维动态垂向水温解析解法，JI Shun - Wen 不考虑热源项一维垂向水温解析解法。

各种方法按照平均水温绝对误差从小至大排序，分别是：李兰一维稳态垂向水温解析解法,李兰垂向水温指数函数公式,李兰一维动态垂向水温解析解法,JI Shun - Wen 不考虑热源项一维垂向水温解析解法。

各种方法按照绝对误差小于 1.0℃合格率从大至小排序,分别是:李兰一维稳态垂向水温解析解法,李兰一维动态垂向水温解析解法,李兰垂向水温指数函数公式,JI Shun - Wen 不考虑热源项一维垂向水温解析解法。

因此,基于 7 月 26—28 日垂向水温模拟对比结果,推荐李兰一维稳态垂向解析解法为最优方法。

(4)从表 7.21 计算结果可知:

各种方法按照最大水温绝对误差从小至大排序,分别是:李兰一维动态垂向水温解析解法,李兰一维稳态垂向水温解析解法,李兰垂向水温指数函数公式,JI Shun - Wen 不考虑热源项一维垂向水温解析解法。

各种方法按照平均水温绝对误差从小至大排序,分别是:李兰一维稳态垂向水温解析解法,李兰垂向水温指数函数公式,李兰一维动态垂向水温解析解法,JI Shun - Wen 不考虑热源项一维垂向水温解析解法。

各种方法按照绝对误差小于 1.0℃合格率从大至小排序,分别是:李兰一维动态垂向水温解析解法,李兰一维稳态垂向水温解析解法,李兰垂向水温指数函数公式,JI Shun - Wen 不考虑热源项一维垂向水温解析解法。

因此,基于 7 月 29—30 日垂向水温模拟对比结果,推荐李兰一维动态垂向水温解析解法为最优方法。

综上所述,李兰一维动态垂向水温解析解法对夏季水温模拟误差最小,故推荐李兰一维动态垂向水温解析解法为最优的垂向水温预测方法。

7.4.3 推荐的解析解法在大型水库水温模拟中的应用

将推荐的最优预测方法李兰一维动态垂向水温解析解,用于二滩水库的垂向水温模拟和两河口水库的垂向水温预测。为验证推荐模型的适应性和分析水温分层分布规律,将两河口水库单层叠梁门取水方案和二滩水库无叠梁门工况下三维 EFDC 环境流体动力学模型数值计算的流速成果,代入推荐的解析解公式(6.35),对平水年两河口水库和二滩水库垂向水温分布进行了计算。并将计算结果与二滩水库 2006 年的实测垂向水温资料和两河口水库三维 EFDC 环境动力学模型数值计算的垂向水温进行对比分析,对比图见图 7.26和图 7.27。

对比图 7.26 和图 7.27 可以看出,两河口水库解析解法计算的水温与数值法模拟计算的水温拟合得较好,二滩水库解析解法计算的水温与实测水温十分接近,两个水库解析解法计算水温绝对误差 85% 都在 1.0℃以下。误差稍大的部分主要出现在表层,在以后的预测中,若表层水温采取水库所在地河流表层水温实测值会有更好的模拟精度。

7.4.4 推荐的解析解法在大型水库分层取水水温模拟中的应用

两河口水库有单层取水方案 0、一层叠梁门取水方案 1、二层叠梁门取水方案 2、三层叠梁门取水方案 3、四层叠梁门取水方案 4 等五个分层取水方案,将推荐的解析解法在两

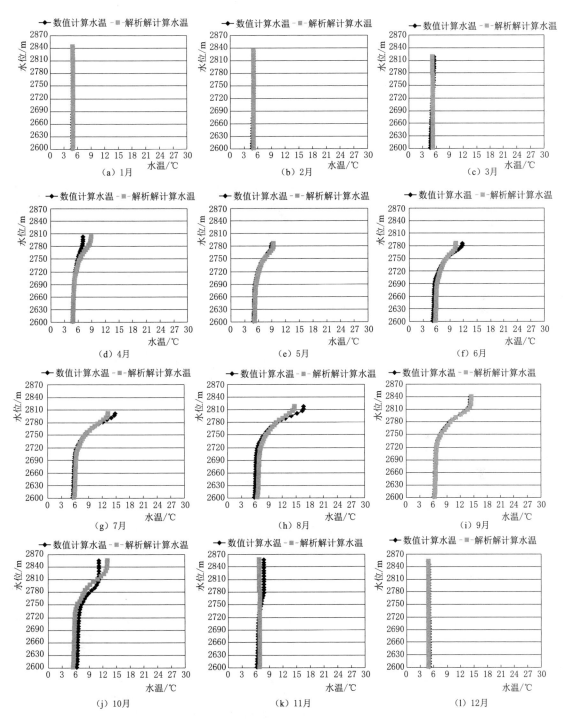

图 7.26　二滩水库 2006 年垂向水温预测图

河口水库分层取水方案中进行应用效果及分层取水方案的比选分析。

7.4.4.1　方案 0 取水效果分析

采用李兰一维动态垂向水温解析解预测计算两河口水库单层取水方案 0 平水年逐月坝

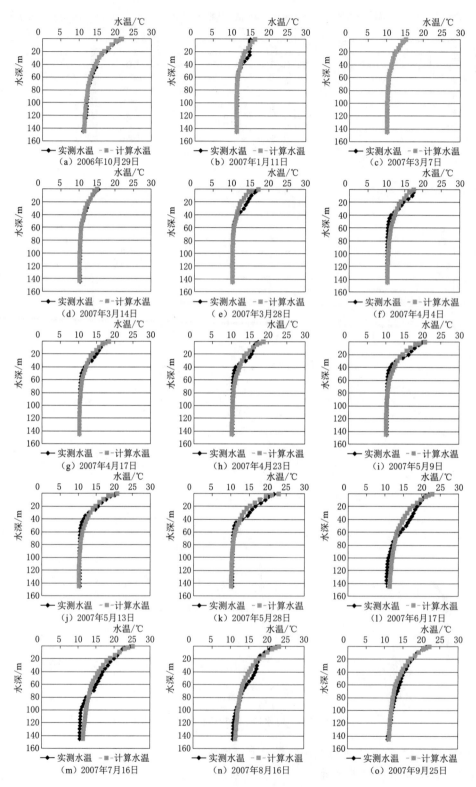

图 7.27 两河口水库垂向水温预测图

前垂向水温，结果见图7.28。

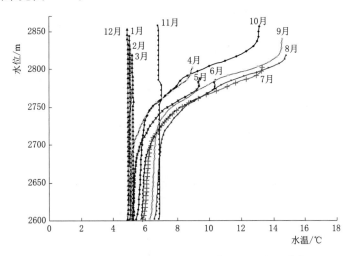

图7.28　解析解模拟两河口水库方案0垂向水温分布图

图7.28显示了两河口水库平水年逐月坝前垂向水温分布。

根据垂向水温的预测结果，1—3月为低温期，受库区气温和太阳辐射影响水体温度较低，整个库区水体趋于同温。

4—6月为升温期，随着气温和太阳辐射大幅度上升，水体温度逐渐攀升，表层水温增速更为明显，从4月的9.0℃升至6月的10.4℃，且水温的升高主要集中在表层30～60m的水体中，底部水温几乎没有改变，维持5℃左右的低温。

7—9月为高温期，水库水位逐渐抬高，入流水温和气温达到最高，表层水体吸收大量的热量继续保持高温，8月表层水温达到全年最大，为14.8℃，水库垂向分层明显。库底水温比前几月略有上升，但基本保持5.8～6.5℃低温。

10—12月为降温期，随着入流水温、气温和太阳辐射的逐渐下降，水体向大气散失热量而开始降温，冷水下沉使表层温跃层减弱，整个库区垂向上的水温随之均匀地降低。11月、12月水体趋于同温。

表7.22和图7.29比较了两河口水库的月平均气温、坝前表层水温、下泄水温、库底水温及坝址处天然水温。由图7.29可知，表层水体由于与大气直接进行热交换，水温受季节影响明显，年内变化趋势与气温比较接近。12月表层水温最低，为4.9℃；8月最高，为14.8℃，年内变化达9.9℃。水库全年蓄水较深，库底水温年内变化幅度很小，12月库底水温最低，为4.9℃；由于热量向下传递速度较慢，11月库底水温才达到最大值6.9℃，全年变幅2.0℃。水库采用单层取水口方案取水时，取水口高程固定不变，夏季下泄水温偏低。4—10月下泄水温均低于建库前天然水温，平均下降了3.0℃，其中8月降幅最大，为4.3℃；11月至次年3月下泄水温比坝址处天然水温要高，平均上升了3.3℃，冬季下游水温得到了较大的提高。

7.4.4.2　方案1分层取水效果分析

采用李兰一维动态垂向水温解析解法预测计算两河口水库一层叠梁门取水方案1平水年逐月坝前垂向水温，结果见图7.30。

表 7.22 　　　　　　　　单层取水口方案月平均气温、坝前表层水温、
下泄水温、库底水温及坝址处天然水温　　　　　　　单位：℃

时间	1月	2月	3月	4月	5月	6月	7月	8月	9月	10月	11月	12月
平均气温	−3.3	2.5	5.2	11.0	13.8	15.5	18.0	16.9	16.1	12.6	5.2	−0.9
坝前表层水温	5.0	5.1	5.2	9.0	9.4	10.4	13.3	14.8	14.5	13.1	6.8	4.9
下泄水温	5.0	5.1	5.3	7.6	9.0	10.0	10.2	9.7	9.2	7.4	7.0	4.9
库底水温	5.0	5.1	5.2	4.9	5.2	5.8	5.8	6.5	6.3	5.4	6.9	4.9
坝址处天然水温	0.1	1.6	3.8	9.5	11.8	12.9	13.4	14.0	12.3	10.2	4.8	0.7

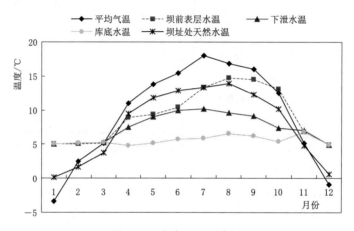

图 7.29 方案 0 五要素图

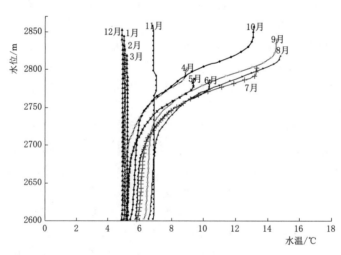

图 7.30 方案 1 垂向水温分布图

图 7.30 显示了两河口水库在一层叠梁门方案下平水年逐月坝前垂向水温分布。坝前垂向水温总体分布规律与单层取水口方案类似。

根据垂向水温的预测结果，1—3 月为低温期，受库区气温和太阳辐射影响水体温度较低，整个库区水体趋于同温。

4—6月为升温期，随着气温和太阳辐射大幅度上升，水体温度逐渐攀升，表层水温增速更为明显，从4月的9.0℃升至6月的10.4℃，且水温的升高主要集中在表层30～60m的水体中，底部水温几乎没有改变，维持5℃左右的低温。

7—9月为高温期，水库水位逐渐抬高，入流水温和气温达到最高，表层水体吸收大量的热量继续保持高温，8月表层水温达到全年最大，为14.8℃，水库垂向分层明显。库底水温比前几个月略有上升，但基本保持5.8～6.5℃低温。

10—12月为降温期，随着入流水温、气温和太阳辐射的逐渐下降，水体向大气散失热量而开始降温，冷水下沉使表层温跃层减弱，整个库区垂向上的水温随之均匀地降低，直至12月水体趋于同温。

表7.23和图7.31比较了两河口水库的月平均气温、坝前表层水温、下泄水温、库底水温及坝址处天然水温。由图7.31可知，表层水体由于与大气直接进行热交换，水温受季节影响明显，年内变化趋势与气温比较接近。12月表层水温最低，为4.9℃；8月最高，为14.8℃，年内变化达9.9℃。水库全年蓄水较深，库底水温年内变化幅度很小，12月库底水温最低，为4.9℃；由于热量向下传递速度较慢，11月库底水温才达到最大值6.9℃，全年变幅仅2.0℃。水库采用一层叠梁门方案取水时，取水口高程随着运行水位的变化而变化。4—10月下泄水温均低于建库前天然水温，平均下降了2.1℃，其中6月降幅最大，为3.0℃；11月至次年3月下泄水温比坝址处天然水温要高，平均上升了3.3℃。

表7.23 　　　　　**一层叠梁门方案月平均气温、坝前表层水温、**
下泄水温、库底水温及坝址处天然水温　　　　　单位:℃

时间	1月	2月	3月	4月	5月	6月	7月	8月	9月	10月	11月	12月
平均气温	-3.3	2.5	5.2	11.0	13.8	15.5	18.0	16.9	16.1	12.6	5.2	-0.9
坝前表层水温	5.0	5.1	5.2	9.0	9.4	10.4	13.3	14.8	14.5	13.1	6.8	4.9
下泄水温	5.0	5.1	5.3	8.5	9.0	10.0	12.2	11.3	10.3	8.2	7.0	4.9
库底水温	5.0	5.1	5.2	4.9	5.2	5.8	5.8	6.5	6.3	5.4	6.9	4.9
坝址处天然水温	0.1	1.6	3.8	9.5	11.8	12.9	13.4	14.0	12.3	10.2	4.8	0.7

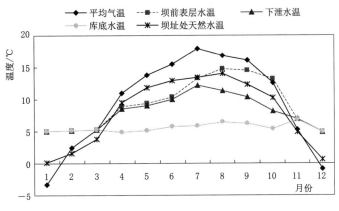

图7.31　方案1五要素图

7.4.4.3 方案 2 分层取水效果分析

采用李兰一维动态垂向水温解析解法预测计算两河口水库二层叠梁门取水方案 2 平水年逐月坝前垂向水温，结果见图 7.32。

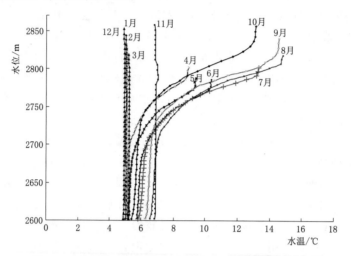

图 7.32 解析解模拟两河口水库方案 2 垂向水温分布图

图 7.32 显示了两河口水库在二层叠梁门方案下平水年逐月坝前垂向水温分布。坝前垂向水温总体分布规律与一层叠梁门方案类似。

根据垂向水温的预测结果，1—3 月为低温期，受库区气温和太阳辐射影响水体温度较低，整个库区水体趋于同温。

4—6 月为升温期，随着气温和太阳辐射大幅度上升，水体温度逐渐攀升，表层水温增速更为明显，从 4 月的 9.0℃ 升至 6 月的 10.4℃，且水温的升高主要集中在表层 30～60m 的水体中，底部水温几乎没有改变，维持 5℃ 左右的低温。

7—9 月为高温期，水库水位逐渐抬高，入流水温和气温达到最高，表层水体吸收大量的热量继续保持高温，8 月表层水温达到全年最大，为 14.8℃，水库垂向分层明显。库底水温比前几个月略有上升，但基本保持 5.8～6.5℃ 低温。

10—12 月为降温期，随着入流水温、气温和太阳辐射的逐渐下降，水体向大气散失热量而开始降温，冷水下沉使表层温跃层减弱，整个库区垂向上的水温随之均匀地降低，直至 12 月水体趋于同温。

表 7.24 和图 7.33 比较了两河口水库的月平均气温、坝前表层水温、下泄水温、库底水温及坝址处天然水温。由图 7.33 可知，表层水体由于与大气直接进行热交换，水温受季节影响明显，年内变化趋势与气温比较接近。12 月表层水温最低，为 4.9℃；8 月最高，为 14.8℃，年内变化达 9.9℃。水库全年蓄水较深，库底水温年内变化幅度很小，12 月库底水温最低，为 4.9℃；由于热量向下传递速度较慢，11 月库底水温才达到最大值 6.9℃，全年变幅仅 2.0℃。水库采用二层叠梁门方案取水时，取水口高程随着运行水位的变化而变化。4—10 月下泄水温均低于建库前天然水温，平均下降了 1.4℃，其中 6 月降幅最大，为 3.0℃；11 月至次年 3 月下泄水温比坝址处天然水温要高，平均上升了 3.3℃。夏季下泄低温水现象得到了一定改善。

表 7.24　二层叠梁门方案月平均气温、坝前表层水温、
下泄水温、库底水温及坝址处天然水温　　　单位：℃

时间	1 月	2 月	3 月	4 月	5 月	6 月	7 月	8 月	9 月	10 月	11 月	12 月
平均气温	−3.3	2.5	5.2	11.0	13.8	15.5	18.0	16.9	16.1	12.6	5.2	−0.9
坝前表层水温	5.0	5.1	5.2	9.0	9.4	10.4	13.3	14.8	14.5	13.1	6.8	4.9
下泄水温	5.0	5.1	5.2	8.5	9.0	10.0	12.2	13.5	11.9	9.2	7.0	4.9
库底水温	5.0	5.1	5.2	4.9	5.2	5.8	5.8	6.5	6.3	5.4	6.9	4.9
坝址处天然水温	0.1	1.6	3.8	9.5	11.8	12.9	13.4	14.0	12.3	10.2	4.8	0.7

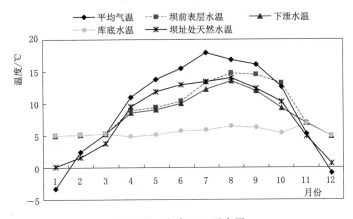

图 7.33　方案 2 五要素图

7.4.4.4　方案 3 分层取水效果分析

采用李兰一维动态垂向水温解析解法预测计算两河口水库三层叠梁门取水方案 3 平水年逐月坝前垂向水温，结果见图 7.34。

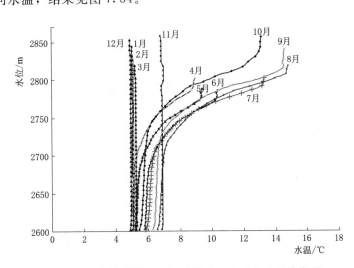

图 7.34　解析解模拟两河口水库方案 3 垂向水温分布图

图 7.34 显示了两河口水库在三层叠梁门方案下平水年逐月坝前垂向水温分布。坝前

垂向水温总体分布规律与两层叠梁门方案类似。

根据垂向水温的预测结果，1—3 月为低温期，受库区气温和太阳辐射影响水体温度较低，整个库区水体趋于同温。

4—6 月为升温期，随着气温和太阳辐射大幅度上升，水体温度逐渐攀升，表层水温增速更为明显，从 4 月的 9.0℃ 升至 6 月的 10.4℃，且水温的升高主要集中在表层 30～60m 的水体中，底部水温几乎没有改变，维持 5℃ 左右的低温。

7—9 月为高温期，水库水位逐渐抬高，入流水温和气温达到最高，表层水体吸收大量的热量继续保持高温，8 月表层水温达到全年最大，为 14.8℃，水库垂向分层明显。库底水温比前几个月略有上升，但基本保持 5.8～6.5℃ 低温。

10—12 月为降温期，随着入流水温、气温和太阳辐射的逐渐下降，水体向大气散失热量而开始降温，冷水下沉使表层温跃层减弱，整个库区垂向上的水温随之均匀地降低，直至 12 月水体趋于同温。

表 7.25 和图 7.35 比较了两河口水库的月平均气温、坝前表层水温、下泄水温、库底水温及坝址处天然水温。由图 7.35 可知，表层水体由于与大气直接进行热交换，水温受季节影响明显，年内变化趋势与气温比较接近。12 月表层水温最低，为 4.9℃；8 月最高，为 14.8℃，年内变化达 9.9℃。水库全年蓄水较深，库底水温年内变化幅度很小，12 月库底水温最低，为 4.9℃；由于热量向下传递速度较慢，11 月库底水温才达到最大值 6.9℃，全年变幅仅 2.0℃。水库采用三层叠梁门方案取水时，取水口高程随着运行水位的变化而变化。9 月至次年 3 月下泄水温比坝址天然水温要高，平均上升了 2.6℃；4—8 月下泄水温低于建库前天然水温，平均下降了 1.7℃，其中 8 月下泄水温仅下降 0.5℃。三层叠梁门方案较好地改善了夏季低温水下泄的现象。

表 7.25 　　　　　**三层叠梁门方案月平均气温、坝前表层水温、**

下泄水温、库底水温及坝址处天然水温 　　　　单位：℃

时间	1 月	2 月	3 月	4 月	5 月	6 月	7 月	8 月	9 月	10 月	11 月	12 月
平均气温	−3.3	2.5	5.2	11.0	13.8	15.5	18.0	16.9	16.1	12.6	5.2	−0.9
坝前表层水温	5.0	5.1	5.2	9.0	9.4	10.4	13.3	14.8	14.5	13.1	6.8	4.9
下泄水温	5.0	5.1	5.2	8.5	9.0	10.0	12.2	13.5	13.6	10.7	7.0	4.9
库底水温	5.0	5.1	5.2	4.9	5.2	5.8	5.8	6.5	6.3	5.4	6.9	4.9
坝址处天然水温	0.1	1.6	3.8	9.5	11.8	12.9	13.4	14.0	12.3	10.2	4.8	0.7

7.4.4.5 方案 4 分层取水效果分析

采用李兰一维动态垂向水温解析解法预测计算两河口水库四层叠梁门取水方案 4 平水年逐月坝前垂向水温，结果见图 7.36。

图 7.36 显示了两河口水库在四层叠梁门方案下平水年逐月坝前垂向水温分布。坝前垂向水温总体分布规律与三层叠梁门方案类似。

根据垂向水温的预测结果，1—3 月为低温期，受库区气温和太阳辐射影响水体温度较低，整个库区水体趋于同温。

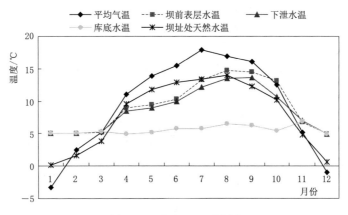

图 7.35　方案 3 五要素图

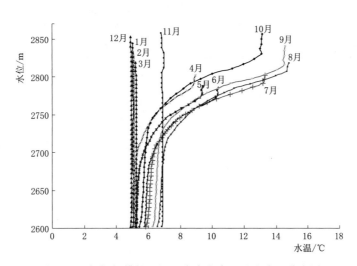

图 7.36　解析解模拟两河口水库方案 4 垂向水温分布图

4—6 月为升温期，随着气温和太阳辐射大幅度上升，水体温度逐渐攀升，表层水温增速更为明显，从 4 月的 9.0℃ 升至 6 月的 10.4℃，且水温的升高主要集中在表层 30～60m 的水体中，底部水温几乎没有改变，维持 5℃ 左右的低温。

7—9 月为高温期，水库水位逐渐抬高，入流水温和气温达到最高，表层水体吸收大量的热量继续保持高温，8 月表层水温达到全年最大，为 14.8℃，水库垂向分层明显。库底水温比前几个月略有上升，但基本保持 5.8～6.5℃ 低温。

10—12 月为降温期，随着入流水温、气温和太阳辐射的逐渐下降，水体向大气散失热量而开始降温，冷水下沉使表层温跃层减弱，整个库区垂向上的水温随之均匀地降低，直至 12 月水体趋于同温。

表 7.26 和图 7.37 比较了两河口水库的月平均气温、坝前表层水温、下泄水温、库底水温及坝址处天然水温。由图 7.37 可知，表层水体由于与大气直接进行热交换，水温受季节影响明显，年内变化趋势与气温比较接近。12 月表层水温最低，为 4.9℃；8 月最高，为 14.8℃，年内变化达 9.9℃。水库全年蓄水较深，库底水温年内变化幅度很小，12 月库

底水温最低，为 4.9℃；由于热量向下传递速度较慢，11 月库底水温才达到最大值 6.9℃，全年变幅仅 2.0℃。水库采用四层叠梁门方案取水时，取水口高程随着运行水位的变化而变化。4—8 月下泄水温低于建库前天然水温，平均下降了 1.7℃，其中 6 月降幅最大，为 3.0℃；9 月至次年 3 月下泄水温比坝址天然水温要高，平均上升了 2.8℃。四层叠梁门方案较好地改善了夏季低温水下泄的现象。

表 7.26　　　　　四层叠梁门方案月平均气温、坝前表层水温、
下泄水温、库底水温及坝址处天然水温　　　　　单位：℃

时间	1 月	2 月	3 月	4 月	5 月	6 月	7 月	8 月	9 月	10 月	11 月	12 月
平均气温	−3.3	2.5	5.2	11.0	13.8	15.5	18.0	16.9	16.1	12.6	5.2	−0.9
坝前表层水温	5.0	5.1	5.2	9.0	9.4	10.4	13.3	14.8	14.5	13.1	6.8	4.9
下泄水温	5.0	5.1	5.2	8.5	9.0	10.0	12.2	13.5	13.6	12.2	7.0	4.9
库底水温	5.0	5.1	5.2	4.9	5.2	5.8	5.8	6.5	6.3	5.4	6.9	4.9
坝址处天然水温	0.1	1.6	3.8	9.5	11.8	12.9	13.4	14.0	12.3	10.2	4.8	0.7

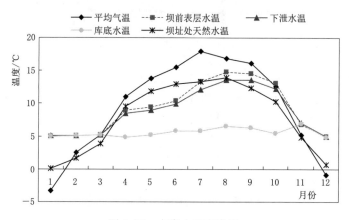

图 7.37　方案 4 五要素图

7.4.5　不同方案下泄水温比较

表 7.27 和图 7.38 比较了两河口水库平水年各方案下的下泄水温与建库前坝址处天然水温。不同的进水口形式对下泄水温过程的影响较为明显。

表 7.27　　　两河口水库平水年各方案的下泄水温与坝址处天然水温比较　　　单位：℃

时间	单层取水口	一层叠梁门	二层叠梁门	三层叠梁门	四层叠梁门	天然水温
1 月	5.0	5.0	5.0	5.0	5.0	0.1
2 月	5.1	5.1	5.1	5.1	5.1	1.6
3 月	5.3	5.3	5.2	5.2	5.2	3.8
4 月	7.6	8.5	8.5	8.5	8.5	9.5
5 月	9.0	9.0	9.0	9.0	9.0	11.8

时间	单层取水口	一层叠梁门	二层叠梁门	三层叠梁门	四层叠梁门	天然水温
6 月	10.0	10.0	10.0	10.0	10.0	12.9
7 月	10.2	12.2	12.2	12.2	12.2	13.4
8 月	9.7	11.3	13.5	13.5	13.5	14.0
9 月	9.2	10.3	11.9	13.6	13.6	12.3
10 月	7.4	8.2	9.2	10.7	12.2	10.2
11 月	7.0	7.0	7.0	7.0	7.0	4.8
12 月	4.9	4.9	4.9	4.9	4.9	0.7

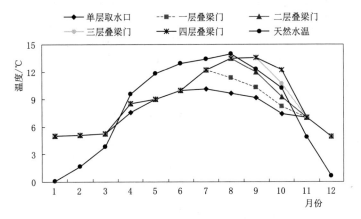

图 7.38 不同方案月平均下泄水温与坝址处天然水温比较

单层取水方案下，年均下泄水温比坝址处天然水温降低了 0.4℃。低温期 1—3 月下泄水温比天然水温平均增加 3.3℃。升温期 4—6 月下泄水温较建坝前平均降低约 2.6℃，6 月降幅为 3.0℃。高温期 7—9 月下泄水温较天然水温下降 3.6℃，低温水下泄现象突出，且 8 月降幅为全年最大，达到 4.3℃。降温期 10—12 月下泄水温较建坝前平均升高约 1.2℃，升温明显。

一层叠梁门方案低温期 1—3 月下泄水温比天然水温平均增加 3.3℃。升温期 4—6 月下泄水温较建坝前平均降低约 2.3℃，6 月降幅为全年最大，为 3.0℃。高温期 7—9 月下泄水温较天然水温下降 2.0℃，比单层取水口方案有所提高。降温期 10—12 月下泄水温较建坝前平均升高约 1.5℃。

二层叠梁门方案低温期 1—3 月下泄水温比天然水温平均增加 3.3℃。升温期 4—6 月下泄水温较建坝前平均降低约 2.3℃，6 月降幅为全年最大，为 3.0℃。高温期 7—9 月下泄水温较天然水温降低 0.7℃，夏季低温水下泄情况有了明显改善。降温期 10—12 月下泄水温较建坝前平均升高约 1.8℃。

三层叠梁门方案低温期 1—3 月下泄水温比天然水温平均增大 3.3℃。升温期 4—6 月下泄水温较建坝前平均降低约 2.3℃，6 月降幅为全年最大，为 3.0℃。高温期 7—9 月下泄水温较天然水温降低 0.1℃，夏季低温水下泄情况有了很好的改善。降温期 10—12 月下泄水温较建坝前平均升高约 2.3℃。

四层叠梁门方案低温期 1—3 月下泄水温比天然水温平均增加 3.3℃。升温期 4—6 月下泄水温较建坝前平均降低约 2.3℃，6 月降幅为全年最大，为 3.0℃。高温期 7—9 月下泄水温较天然水温降低 0.1℃，夏季低温水下泄情况有了明显改善。降温期 10—12 月下泄水温较建坝前平均升高约 2.8℃。

平水年四层叠梁门、三层叠梁门、二层叠梁门、一层叠梁门、单层取水的年均下泄水温分别为 8.9℃、8.7℃、8.5℃、8.1℃、7.9℃。在升温期 4—6 月虽然水温分层显著，但该阶段水库运行水位较低，各叠梁门方案最底层叠梁门的顶部高程均为 2779.00m，4—6 月在无叠梁门时已经取到表层水体，增加叠梁门不会对下泄水温有改善；而在冬季和春季各方案的叠梁门取水深度虽然差异较大，但此时水库中上层水体趋于均温分布，因此下泄水温的变化也不甚明显。叠梁门方案仅在 7—10 月起到了减少下泄低温水的作用。

三层叠梁门方案和二层叠梁门方案相比对 9 月和 10 月下泄水温有较大改善。四层叠梁门方案仅在三层叠梁门的基础上对 10 月下泄水温有所改善，且 10 月在采用三层叠梁门方案时下泄水温已经高于天然水温。综合经济指标和施工难度进行叠梁门层数的选择，两河口水电站进水口推荐采用三层叠梁门方案是可行的。

7.4.6 推荐三层叠梁门取水方案下不同算法下泄水温对比分析

为了评价推荐模型的适应性，需要考虑下泄水温计算成果来评判计算模型的优劣和适应性。根据前述推荐的可行取水方案三层叠梁门取水方案 3，下泄水温预测成果取平水年，将推荐的经验预测方法、解析解预测方法以及三维环境流体动力学模型数值解法在两河口水库分层取水水温预测中进行对比分析，具体结果见图 7.39。

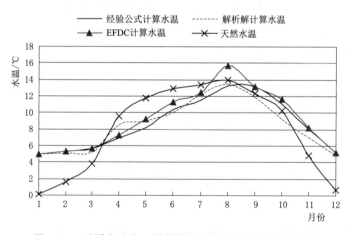

图 7.39 不同方法在三层叠梁门方案下的下泄水温比较

由图 7.39 可知，推荐的经验预测方法、解析解预测方法在两河口水库分层取水方案 3 下所得结论与两河口水库三维环境流体动力学模型数值解法的下泄水温趋势基本一致。除了三维环境流体动力学模型数值解法在 8 月计算的下泄水温峰值偏高外，经验预测方法、解析解预测方法在 8 月下泄水温峰值很接近。解析解预测方法在 4 月下泄水温有所偏高，冬季下泄水温比另两类方法有所偏低。总的来说三种方法计算的下泄水温相差不大，均可应用于大型水库水温预测和分层取水方案研究。

第8章

结 论 与 展 望

8.1 主要结论

（1）改进了河道水温模拟模型。在对国内外河道水温模型细致梳理的基础上，依据国内水库情况，提出了一系列改进的水温预测模型，主要有经验回归模型和解析解模型。经验回归模型包括：武汉大学李兰课题组改进的余弦函数公式、李兰库表沿程水温非线性指数函数公式、李兰垂向水温指数函数公式；解析解模型包括：武汉大学李兰课题组改进的拉格朗日简化模型解析解、李兰一维稳态沿程水温解析解、李兰一维动态垂向水温解析解、李兰一维稳态垂向水温解析解。

（2）将提出的水温模型进行了对比验证，结果表明：本书提出的从水温动态变化、沿程变化到垂向变化的各经验模型、半经验半理论模型、解析解模型，模拟效果或与实测值、或与数值计算结果趋势一致；同时推荐了适于在大型水库分层取水中水温预测的改进模型。

（3）将推荐的改进模型运用于两河口大型水库分层取水水温模拟预测及分层取水方案的比选研究中，水温模拟效果与三维环境流体动力学模型数值解计算结果吻合，并且推荐了三层叠梁门取水方案为两河口水库分层取水的最佳方案。

综上，本书提出的水温模型具有理论基础强、计算简便快速、所需资料较少的特点，能够满足单库、梯级水库、湖泊和河流的水温预测需求，以及大型水库水温分层规律和分层取水措施规划设计方案比选的分析研究。

8.2 展望

本书对我国通用的简便易行的水温经验公式、水温解析解模型进行了对比验证，是一种学术研究和探讨，还不足以对各种方法的通用性下结论，尚需更多的实测数据来验证，同时也有待广大读者进一步研究。

下一步需加强已建的大型水库水温、气象、水文的同步观测，对本书中提出的水温预测方法进行进一步的验证及对大型水库水温分层规律进一步研究，来促进该学科的进一步发展，并为我国水库分层取水规划设计和生态环保建设提供参考。

参 考 文 献

[1] Gu R, S McCutcheon, C J Chen. Development of weather - dependent flow requirements for river temperature control [J]. *Environ. Manage.*, 1999, 24 (4): 529 - 540.

[2] Meier W, C Bonjour, A Wüest, et al. Modeling the effect of water diversion on the temperature of mountain streams [J]. *Environ. Eng.*, 2003, 129 (8): 755 - 764.

[3] Prats J, R Val, J Armengol, et al. Temporal variability in the thermal regime of the lower Ebro River (Spain) and alteration due to anthropogenic factors [J]. Journal of Hydrology, 2010, 387 (1-2): 105 - 118.

[4] Frutiger, A. Ecological impacts of hydroelectric power production on the River Ticino. Part 1: Thermal effects [J]. *Arch. Hydrobiol.*, 2004, 159 (1): 43 - 56.

[5] Zolezzi G, A Siviglia, M Toffolon, et al. Thermopeaking in Alpine streams: event characterization and time scales [J]. *Ecohydrology*, 2010, 4 (4): 477 - 612.

[6] Khangaonkar T, Z Yang. Dynamic response of stream temperatures to boundary and inflow perturbation due to reservoir operations [J]. River Res. Appl., 2008, 24: 420 - 433.

[7] O Mohseni, H G Stefan. Stream temperature/air temperature relationship: a physical interpretation [J]. *Journal of Hydrology*, 1999, 218 (3 - 4): 128 - 141.

[8] Caissie D, El - Jabi N, St - Hilaire A. Stochastic modelling of water temperatures in a small stream using air to water relations [J]. Canadian Journal of Civil Engineering, 1998, 25 (2): 250 - 260.

[9] Edinger J E, Duttweiler D W, Geyer J C. The response of water temperatures to meteorological conditions [J]. Water Resources Research, 1968, 4 (5): 1137 - 1143.

[10] Caissie D, Satish M G, El - Jabi N. Predicting river water temperatures using the equilibrium temperature concept with application on Miramichi River catchments (New Brunswick, Canada) [J]. Hydrological Processes, 2005, 19 (11): 2137 - 2159.

[11] Marcé R, Armengol J. Modelling river water temperature using deterministic, empirical, and hybrid formulations in a Mediterranean stream [J]. Hydrological processes, 2008, 22 (17): 3418 - 3430.

[12] Wright S A, Anderson C R, Voichick N. A simplified water temperature model for the Colorado River below Glen Canyon Dam [J]. River research and applications, 2009, 25 (6): 675 - 686.

[13] Herb W R, Stefan H G. Modified equilibrium temperature models for cold - water streams [J]. Water Resources Research, 2011, 47 (6): 99 - 108.

[14] Bustillo V, Moatar F, Ducharne A, et al. A multimodel comparison for assessing water temperatures under changing climate conditions via the equilibrium temperature concept: case study of the Middle Loire River, France [J]. Hydrological Processes, 2014, 28 (3): 1507 - 1524.

[15] Woo - gu KIM, Deuk - koo KOH. Turbidity management for IMHA reservoir [C] //: 中日韩大坝委员会第一次学术交流会议论文集, 2004.

[16] Harvey S Leff. The Boltzmann reservoir: A model constant - temperature environment [J]. American Association of Physics Teachers, 2000 (6): 68 (6): 521 - 524.

[17] Marshall B, E. Predicting ecology and fish yields in African reservoirs from preimpoundment physico - chemical data [J]. CIFA Tech. Pap. /Doc. Tech. CPCA, 1984, 12: 1 - 26.

[18] Enrique Moreno - Ostos, Rafael Marcé, Jaime Ordóñez, et al. Hydraulic management drives heat

budgets and temperature trends in a mediterranean reservoir [J]. International Review of Hydrobiology, 2008, 93 (2): 131 – 147.

[19] Omid Mohseni, Troy R Erickson, Heinz G Stefan. Upper bounds for stream temperatures in the contiguous United States [J]. Journal of Environmental Engineering, 2002, 128 (1): 4 – 11.

[20] David W Neumann, Balaji Rajagopalan, Edith A Zagona. Regression model for daily maximum stream temperature [J]. Journal of Environmental Engineering, 2003, 129 (7): 667 – 674.

[21] Michael N Gooseff, Kenneth Strzepek, Steven C Chapra. Modeling the potential effects of climate change on water temperature downstream of a shallow reservoir, lower madison River [J]. MT. Climate Change, 2005, 68: 331 – 353.

[22] John R. Yearsley. A Semi – Lagrangian water temperature model for rivers and reservoirs [J]. Water Resources Research, 2009, 8: 1 – 19.

[23] Michael L. Deas, Cindy L Lowney. Water temperature modeling review: central valley [J]. California Water Modeling Forum, 2000, 117.

[24] Ruochuan Gu, Steven Mc Cutcheon, Chi – Jen Chen. Development of weather – dependent flow requirements for river temperature control [J]. Environment Management, 1999, 24 (4): 529 –540.

[25] John Keery, Andrew Binley, Nigel Crook, et al. Temporal and spatial variability of groundwater – surface water flux: development and application of an analytical method using temperature time series [J]. Journal of Hydrology, 2007, 336: 1 – 16.

[26] JI Shun – Wen, YM Zhu, S Qiang, et al. Forecast of water temperature in reservoir based on analytical solution [J]. Journal of Hydrodynamics, 2008, 20 (4): 507 – 513.

[27] 李怀恩、沈晋. 一维垂向水库水温数学模型研究与黑河水库水温预测 [J]. 陕西机械学院学报, 1990, 6 (4), 236 – 243.

[28] 叶守泽、陈小红, 等. 水库水温分层判别预测的模式识别方法研究 [J]. 水利学报, 1993: 34 –39.

[29] 蔡为武. 水库及下游河道的水温分析 [J]. 水利水电科技进展, 2001, 21 (5): 20 – 23.

[30] John R. Yearsley, Duane Karna. Application of a 1 – D heat budget model to the Columbia River System, United States EPA region 10 910 – R – 01 – 004 [J]. Environmental Protection, 2001.

[31] Walters C, Korman J, Stevens L E, et al. Ecosystem modeling for evaluation of adaptive management policies in the Grand Canyon [J]. Ecology and Society, 2000.

[32] Bogan T, Stefan H G, Mohseni O. Imprints of secondary heat sources on the stream temperature/equilibrium temperature relationship [J]. Water Resources Research, 2004, 40: W12510.

[33] Caissie D. The thermal regime of rivers: a review [J]. Freshwater Biology, 2006, 51 (8): 1389 –1406.

[34] Chen P, Li L. Spatio – temporal variability in the thermal regimes of the Danjiangkou Reservoir and its downstream river due to the large water diversion project system in central China [J]. Nordic Hydrology, 2016, 47 (1): 104 – 127.